三余

冬者岁之余
夜者日之余
阴雨者时之余

THE HANDBOOK OF CRISIS MANAGEMENT PSYCHOLOGY

危机管理心理学手册

黄雯 著

中国法制出版社
CHINA LEGAL PUBLISHING HOUSE

黄雯　二级心理咨询师

美国马里兰大学 ICISF 个体 / 群体危机干预认证

LPE 领导力潜能认证教练

安赞咨询公司危机管理项目总监

---

5 年法律行业和 10 年心理行业工作经验，为企事业单位、政府机构、学校及社会团体提供危机管理与危机干预支持超过 1000 小时。危机支持场景不仅包括重大或灾难性的事件，如海难、化学品爆炸、暴力袭击、社会热点事件、大型裁员、关厂等，也包括日常出现在组织中的自杀 / 猝死、精神疾病、传染病、性骚扰、经济犯罪等常见危机场景。

2009 年参与北京回龙观医院心理研究中心韦氏智力 / 记忆力量表中国版修订项目。2012 年加入知名 EAP 公司为各类组织提供专业心理服务。负责过多家世界 500 强企业、大型国有企业、政府机构的心理调研评测和心理专员 / 危机管理专员培养项目。2018 年开始致力于组织危机管理心理工作者的培养及组织危机管理心理学的科普工作。

推荐序

从2003年开始，我陆续参加了非典、汶川地震、玉树地震、青岛黄岛输油管线爆炸、马航MH370失联、昆山金属粉尘爆炸以及今年的新冠肺炎疫情等重大突发公共事件的心理危机干预工作，17年间的一幕幕场景恍如昨日、记忆犹新、历历在目。

记得2008年汶川地震后我受委派给卫生部疾控司总结撰写一本心理危机干预手册，绞尽脑汁，苦思冥想，居然用“3个W（Who、When、Where）和1个H（how）”列了一个提纲：心理危机干预对象（Who）及其问题的表现形式、心理危机干预的时机（When）和地点（Where），心理干预的原则、方法和组织实施过程（how）。总结心理危机干预的对象时列出了9个高危因素和5类高危人群；心理危机对象的问题表现形式总结了14个心理反应、12个生理反应以及7个异常反应；提出实施心理危机干预的最佳时间为48—72小时，心理危机分为3个阶段，不同阶段的干预方法有所不同；提出不要在灾难现场进行心理危机干预；总结了心理危机干预的8个原则及8种方法；强调在实施心理危机干预过程中加强统一管理、积极取得联系沟通、充分利用资源、加强人员培训、管理工作数据、积极与媒体展开对话与沟通、加强舆情管理、建立与管理家属中心等。这些总结现在看起来仍然对进行心理危机干预具有一定的指导意义。

我的学生黄雯长期在企事业单位里从事员工心理帮助工作和突发事件的心理危机管理工作。在这本书里她围绕着组织内部的突发事件展开了全方位的阐述。全书分为6个部分：危机管理心理学基础、危机工作者必知的精神疾病知识、组织中的自杀危机、如何在组织中专业地传达坏消息、危机现场支持、危机沟通中的心理学。每个部分都从心理学的角度谈危机管理的各类问题。书中内容深入浅出，操作性强，偏重于实际应用，其中的方法非常适合在危机管理中使用。通读全书后，我感到后生可畏，青出于蓝而胜于蓝。我的“3个W和1个H”该解甲还乡了！

中国中医科学院广安门医院心理睡眠科主任医师

世界中医药联合会中医心理专业委员会主任委员

王　健

2020年8月15日凌晨于北京雨夜

推荐序

心理危机干预在我国大规模开展是2008年汶川地震发生后。作为一名危机干预工作者，我也参与了许多或大或小的危机事件的心理危机干预工作，在工作中我一直思考着这样的问题：对于受灾或出现危机的人们，应如何帮助他们重新找回平衡？危机干预心理工作者队伍应该由哪些人组成？危机干预心理工作者需要掌握哪些技能？哪些是有效的干预措施？应该在什么时候给予干预？怎样给予帮助？通过什么方式给予帮助？心理干预的最终目的是什么？

同时，我也越来越多地体会到危机事件中个体所面临的危机不会独立于环境和系统之外。那么，只干预个体是否足够？个体所处的系统需要如何恢复平衡？每一次干预的成败都不能独立于危机管理之外。组织危机管理需要怎样的模式，才能以专业、有序、系统的方式开展危机干预工作，组织指导危机干预工作者有效实施干预，在应对突发危机事件中才能快捷、高效地集中各方面的资源，科学地进行危机管理？

读到此书，我眼前一亮，不禁对自己在实际工作中思考的问题更进一步地进行审视和反思。以往国内的有关危机干预的书籍，大多集中在技术范畴，针对个体干预进行阐述。该书开篇就从危机管理心理学角度，澄清了心理危机及干预的相关概念，从危机干预组织管理的视角展开叙述，让读者从宏观角度了解危机干预应如何开展；从危机管理角度介绍作为一名危机干预工作者为什么要掌握精神疾病的知识和需要掌握哪些精神疾病知识和干预技术；不仅对自杀危机的个体和团体干预加以详尽的介绍，也对危机现场干预进行了说明，不仅涉及受灾人群，对干预者本身和管理者应如何应对自身在危机中受到的影响也有所涉及；指导从组织层面如何管理危机信息，并通过案例全景展示了危机管理和危机干预的全过程。

相信无论是像我一样从事专业的心理危机干预的工作者还是普通读者，都能从此书中找到所需要的内容。通过阅读此书既可以了解心理危机和心理危机干预的基本知识，从而增加对心理危机的心理免疫力；作为危机干预从业者也可以从中完善心理危机干预在组织机构中的应用，提高心理危机干预的理论和技术水平，从而更有效地开展心理危机干预工作。心理危机干预任重而道远。

北京回龙观医院、北京心理危机研究与干预中心副主任

梁　红

2020年9月

序

“世界上只有一种英雄主义：便是注视世界的真面目——并且爱世界。”这是罗曼·罗兰在《米开朗琪罗传》中的一句话，我总觉得这句话听起来是极其悲壮的。我没有英雄主义，更不是英雄。但在作为法律顾问和心理顾问的十多年工作生涯中，我确实有很多机会注视着世界或生活的“真面目”，那些在碌碌的日常中被我们忽略、遗忘、回避的“真面目”——灾难、事故、死亡、暴力、创伤、分离……

当这些时刻突然降临时，我曾是亲历者。更多的时候，我是旁观者、陪伴者、支持者，甚至在有些时候被放置到“拯救者”的位置上。不同的位置带给我不一样的感受：被真相击倒时的悲伤和愤怒，拒绝接受真相的自我封闭和隔离，不甘心却不得不妥协的无力和挣扎，被放置到“拯救者”的位置上却无力回天的失望与沮丧，还有最珍贵的，是那些“直面真相的英雄们”带给我的勇气与感动。所有这些体验，都越发地让我对生命、对生活生出一种无法言说的敬畏。

真相就是如此，并且注定会发生，只是或早或晚。没有人可以例外，从这一点上来说，世界是公平的。

由于这些事件的不可预见性，或者说由于我们总是对这些事件发生的可能性“视而不见”，我们会称这类事件为“突发事件”或“危机事件”。在危机发生的不同阶段，心理工作者会用不同的方式为当事人提供“心理急救”“危机干预”“哀伤辅导”“创伤修复”等心理支持。不同的流派技术大相径庭，而我所理解的自己工作职责的一部分就是陪伴和支持人们度过艰难的时期，让人们最终能够有力量去注视世界的真面目，明白无论爱与不爱，我们都将在这个“真实的”世界中继续前行。

在这些年的工作中，除了为当事者提供心理支持，我和同事们也为一些遭遇“危机事件”的企业、学校等各种组织机构提供组织危机管理与干预服务。有些事件只是个意外，如上司在下班途中因车祸离世、员工在会议上猝死。有些事件只是因为一时的疏忽，如领导视察工地时被装卸的重物掩埋、工人因为操作失误被卷入正在运行的机器中、欢乐的“家庭日”中一个孩子在众目睽睽下被疲劳的司机驾驶的工程车碾压。还有些事件则带着“恐怖片”的情节，如同事自缢在仓库的房梁上、被辞退的下属带着“武器”回到办公室附近、新来的小伙子给全公司群发了内容离奇的邮件后神秘失踪、一个中年男人站在公司大楼的天台上给我们打电话时犹豫是跳下去还是去给厂长一刀。还有一些已经不仅仅是事件，而是灾难，比如汶川地震、天津港爆炸事故、普吉岛沉船海难等。我并不是在危言耸听，这些都是曾真实发生过的，类似的危机事件我和同事们几乎每周都会处理，而且我们都感到最近的两三年，组织主动寻求危机支持的情况越来越多，有些时候我在一周内就需要主持3起不同企业的危机管理项目，而就在今年4月，仅仅是与自杀相关的危机事件我就参与处理了6起。这在早些年是不可想象的。

我们也曾讨论过危机事件越来越多的原因。是这个世界真的越来越不安全了吗？生存的压力真的越来越大了吗？还是人们越来越脆弱？或许都是，也或许都不是。但我想有一点是可以确定的：越来越多的组织，能够有勇气去注视“世界的真面目”，能够有意愿和力量在艰难的时刻为组织中的成员提供支持。我们可以说这是组织更人性化或者社会进步的表现。也可以从更“心理学”的角度来看：就像是一种“集体潜意识”的选择，我们正努力从“全能幻觉”中走出来，从“我即世界”的幻象中走出来，开始尝试着与真实的世界面对面。既然是一种尝试，其中总会有酸甜苦辣的滋味，不同的组织尝到的滋味各有特点。与它们在危机中同行的我，也愿意将我尝到的滋味转述于你。你可以将其当作专业上严肃真诚的讨论，我也不介意你将其当作饭后谈资，或许还能为你及你的组织备不时之需。

使用本书的三个基本问题

为什么需要学习危机管理心理学?

对于大多数的危机工作者和心理工作者来说，“危机干预”“心理危机干预”才是更为熟悉的概念。相对而言，“危机管理心理学”这个概念就显得有些陌生。纵观危机干预的各种理论流派和实战技术，都围绕着如何为经历危机的个体提供支持，即使是一些团体的干预技术，其目的也是缓解个体的应激或帮助个体恢复。但其中考虑到个体所处组织背景及其交互影响的理论假设与研究都非常少，而事实上大部分的受创伤个体都是存于“组织”当中的，或正是由于在组织中发生的危机而受到创伤。个体的应激反应或创伤恢复都不能脱离他所处的环境，组织环境是其中非常重要的部分。同时，当组织面临危机，或组织中的某个人发生危机时，作为心理工作者进入组织中去提供支持，和为一个独立的个体提供支持要考虑的因素是不一样的。在组织中进行危机干预或进行危机支持工作要更为复杂，对危机工作者的知识储备、智慧、应变能力与反应速度都是更大的考验。

在我们工作的最早期，我们与很多精神科专家、心理学教授、专业的心理咨询师都有过密切的合作，邀请他们加入我们的危机项目团队，为组织提供危机支持。他们都是各自领域的专家或专业人士，有着丰富的本专业经验，对于他们的专业素养我毫不怀疑，但当他们进入组织去提供危机支持时，却遇到了很多意想不到的情况。他们辛苦地工作，却“莫名”地被客户投诉，激化了冲突，甚至引发了二次危机。导致这些严重后果的问题，通常与他们的专业水平无关，这些问题都非常具体又细小，但并没有一本专业书籍能告诉他们在危急时刻进入组织去提供心理支持时会遇到哪些“坑”，即使是我原来所在的专业心理服务公司所制定的危机工作的流程和标准，也并没有那么强的“可操作性”，这使得我当年在作为危机顾问为组织提供危机服务时，也时常感觉到不安全与不确定性。当然，不可否认的是，危机工作本身就具有强烈的不安全与不确定性，但如果能有一些相对稳定的、系统的、标准化的、可操作的工作流程，能够有人提前告诉我们那些可能会遇到的“坑”，并与我们分享一些“避坑”和“爬出坑”的经验教训，或许我们就能在这样危险且辛苦的工作中多一些坚定，少受一些伤害。

同时，对于大部分组织的管理者来说，“危机干预”不是必需的，“危机管理”却是必需的。因此，本书所阐述的危机管理心理学理论与实践，将大多以组织情境为背景或以发生在组织中的危机情境为案例。希望危机管理心理学不仅能够成为危机工作者的必修课，也能够成为管理者在工作中必备的“保险阀”和“降落伞”。

本书适合哪些人阅读？

组织危机管理是一个跨专业的、复杂的、宏大的领域，一个运转良好的组织危机管理系统，需要组织内外部不同的专业人士和职能人员共同配合工作。因此，在危机管理中“心理工作者”并非一个岗位或专业的称谓，而是泛指在其中依托自己具有的心理学知识和能力，使用心理学的方法和技术，为组织的危机管理系统提供心理学视角的专业信息和解决方案，并为处于危机中的组织和个人提供及时和必要的心理支持的工作者。包括但不限于：

- 正在为组织提供危机支持服务或进行应急管理与响应工作的心理从业机构与个人。
- 企业、学校、政府机构等组织内有危机管理职能的岗位的工作人员，如应急响应、人力资源、工会、党群、风控、安全等相关部门负责人和工作人员。
- 组织内部的心理专员或危机管理员。
- 有意从事危机支持工作的心理学从业者。
- 对危机管理有兴趣的心理学爱好者。

你将在书中看到什么？

首先，这是一本“理性”与“感性”相结合的书，有来源于前人总结的严谨的概念、理论与知识点，有我与我的同行在危机管理实践中探索创造的工具与方法，也有我个人的感受体会与经验分享。

其次，这是一本实用主义的“操作手册”。除了在实际操作中必须了解的基础知识，本书所有注意力都放在组织危机管理与危机干预过程中常见的具体问题上。本书的框架也是基于“危机管理顾问系列培训”的课程架构设计的，是心理工作者在组织中开展危机管理工作的入门读本和操作手册。因此，我并不准备用太多的篇幅去引用、阐述和解释相关的理论背景或流派技术，但仍会尽力为感兴趣的读者提供一份学习和实践危机管理的“地图”或指引。我也期待这本书成为你们进入危机工作领域的第一扇门，打开这扇门，你们将看到很多扇门，通往更加精深的专业领域。

最后，本书的内容由以下几个部分组成：（1）进行组织危机管理必须了解的一些基本概念与知识要点，危机管理与干预的相关理论流派。（2）心理工作者进行组织危机管理的流程、技术与工具（图示、表格、测评、专业标准）。（3）通过案例的方式呈现危机管理的完整过程，或其中某个关键操作及问题。（4）我会尽可能地列出我在写本书的过程引用过的参考文献、推荐大家阅读的参考书目，以及相关机构和网站。

阅读前的说明与提示

（1）因专业教学和写作的需要，本书中展示或描述的内容中涉及灾难或创伤性事件的部分，可能会使部分读者在阅读中产生一定的压力，或感觉到不适，这是非常正常的。而作为危机心理工作者，觉察自己的身心状态正是自我修炼的第一步，在书中我们也会探讨如何尊重和接纳自身的感受，并给予自己恰当的照顾与回应。在必要的情况下或者在你觉得有需要的情况下，及时寻求专业帮助。

（2）因专业教学和写作的需要，本书中展示或讨论的部分案例来源于网络、电视广播、正式出版的书籍或发表的文章等公开的信息渠道，部分案例来源于危机管理的实践经历，此类案例在本书中使用时，经过严格匿名和虚构处理，不包含可能辨认出当事人/组织的有关信息，请勿对号入座。

（3）鉴于危机情境的“独特性”与危机工作的“定制性”，本书中所给出的一般性建议，不可作为特殊情境的实际操作依据，未经过专业学习和恰当训练的个人不应随意使用。

目录

第一部分

危机管理心理学基础

案例▼

从一次“搞砸了”的危机团辅，聊聊什么是危机管理

第二部分

危机工作者必知的精神疾病知识

第三部分

组织中的自杀危机

案例 ▼

1000平方米的车间成了鬼屋：发生在工作场所的自杀事件

第四部分

如何在组织中专业地传递坏消息

第五部分

危机现场支持

案例 ▼

"生命本就是一次无归的航程"：
普吉岛海难的危机现场支持

第六部分

危机沟通中的心理学

第一部分

危机管理心理学基础

案例▼

从一次“搞砸了”的危机团辅，聊聊什么是危机管理

这天，X顾问给我打来电话，一开口就说自己“搞砸了”。

事情的经过是这样的，某公司有位重要的管理者在办公室里猝死，但一周后该公司的HR才联络了他们的心理服务供应商，要求马上找个顾问去做一场“团体危机辅导”。这位HR当时很着急，于是心理服务公司的客户经理对事情进行简单了解后就赶紧找到X顾问，请他接手这个工作。X顾问也感受到了客户经理传递过来的客户的焦急情绪，非常配合地与客户公司快速确定了时间，交代客户公司安排好会议室后，就带着助手赶了过去。结果到现场之后却发现会议室并没有按要求准备。会议室被安排在一个半开放的非常大的空间（危机团辅需要保证一定的隐私性，适当大小的空间能使参与者更易产生安全感和连接感），除了直接参加危机辅导的十多名员工，还有七八名管理者和HR要坐在“外围”“旁听”。X顾问知道这样的空间和设置不符合专业团辅的操作要求，好不容易说服他们更换了会议室，把“旁听”人数减少到了两名HR，并在团辅开始前，和助手一起亲自动手搬桌椅布置新会议室的场地，终于让团辅在原定时间“正常”开始。

尽管场所和设置已经接近专业的规范，可这个危机小组辅导的工作让他从一开始就感觉很艰难，员工们都表现得非常压抑，对X顾问引导的表达和互动也不配合，甚至在辅导进行到一半时，一名男性组员愤然离席，走到门口大声地和在门边坐着“围观”的HR说：“你们搞的这是什么，这

有什么用？！”当时的场面真是非常尴尬。团辅结束后与X顾问对接的HR也很生气，责怪X顾问不专业，甚至表示再也不会使用这家心理服务供应商的服务了。

X顾问说到这儿觉得很受挫，他从业多年都没有遇到过这种情况。X顾问认为自己这么认真努力地工作，是真心地想帮助那些员工。他反复地回想，认为自己在专业操作上好像也没什么问题，怎么会造成这种局面？他实在是想不明白又很委屈，情绪几近崩溃。

看他如此沮丧，我很想安慰他，同时也很好奇到底这次危机团辅是怎么“搞砸”的，于是向他询问了三个我认为很关键的问题：

（1）公司这么着急地想让顾问过去做团辅的原因是什么？

（2）猝死事件发生后公司整体的应激反应情况是怎样的？

（3）参加辅导小组的成员是如何确定的？

X顾问听到这三个问题时，反应是既困惑又茫然，茫然是因为他对这三个问题毫无准备，无法快速地说出答案，同时，他的困惑可能也是很多心理顾问的困惑：这三个问题看起来和危机团辅的“专业技术”并没有太大的关系吧？心理顾问好像更应该关心场地、设置、流程、开场白、如何普及危机知识、如何处理情绪等专业技术性的问题。但如果我说这三个问题才是决定一场危机团辅是否有效的基础，你会不会觉得意外呢？

似乎一个危机顾问的专业性就应该体现在“如何使用奇迹式提问”“如何共情”“该用情感反应技术还是澄清技术”这样的专业技术问题上，而“为什么要进行团辅？”“有没有比团辅更好的干预方式？”“谁需要进行团辅？”“在什么时机做团辅更合适？”之类的问题常常被当成无关紧要的非专业的问题，有些同行可能会否认，说他们并没有认为这些问题不重要，但那些经常为组织提供服务的顾问不能忽略这样的现实："做不做危机干预，什么时候做，怎么做"，这些问题常常是组织（客户）一个电话就决定了的。那么，把一些需要做出专业判断的问题交由非专业的组织（客户）来决定，真的是因为这些问题不重要吗？

也难怪我们的心理顾问会有这些问题无关紧要的错觉，因为我们无论是在专业学习中，还是在工作实践中，接触更多的其实是如何做好"危机干预"的专业训练，而对于什么是"危机管理"却知之甚少。就像之前的案例中被忽略的问题一样，很多心理顾问完全没有思考过"危机管理"和"危机干预"有什么关系，两者的区别在哪里。还有些顾问知道"危机管理"很重要，也知道与组织共同进行危机管理工作很重要，但具体到要怎么做的问题上却显得有心无力。特别是在危机心理服务已经越来越市场化和商业化的趋势下，"强势甲方"的主导使得专业服务失去标准和控制，也有很多心理顾问怀抱着想要帮助他人的热心，用做公益的方式来为组织提供服务，结果到了组织里面却水土不服，甚至两败俱伤。

很多组织中的危机处理人员因为知识和经验的缺乏，对于"危机干预"存在误解，认知还停留在"找个心理老师来谈谈话""让心理顾问带着做个团辅或者小活动""做做心理测验看看谁出毛病了"的层面，早些年甚至还有企业在造成多人死亡的严重生产事故后，想请心理顾问马上给当事员工做的危机干预是"让顾问带着大家玩一下，放松放松"。

在错觉和误解的影响下，无论是经历危机的组织，还是提供危机服务的顾问，都没有意识到：那些不在“危机管理”框架下随意进行的“危机干预”行动，本就是可能引发不确定后果，甚至引发次生危机的高风险行为。在组织情境下，“危机干预”不是必需的，“危机管理”却是必需的。

下面我们先来了解一些最基础的概念，然后，请你试着想想，如果你是X顾问，在接到这样的危机工作时，你会先做什么？你要如何在一次危机干预行动中植入危机管理的框架思维？

一、什么是危机，什么是心理危机

危机的英文是crisis，crisis源于希腊语Krisis，意思是“鉴别”或“判定”。最早在医学中，危机指病情危急，病人濒临死亡的状态。1961年，美国词典编撰家韦伯斯特利用临界点理论将危机定义为：“一个更好或更坏的转折点，一个决定性的时刻，一段至关重要的时间和一个达到危急关头的情景。”此后有近百名不同领域的专家学者从不同视角对“危机”进行了定义，在表1-1中将其中较为主流的定义进行了汇总和提炼，从定义中提取的关键词可以看到历来的研究中对于危机的部分共性认知包括：突发、威胁、非常态、不确定、紧急。而在中国学者的定义中，更多地表述了危机的负面影响，如损害、破坏性等。

表1-1　危机的定义

时间（年）	提出者	定义描述	关键词	参考文献
1961	Webster	利用临界点理论将“危机”定义为：“一个更好或更坏的转折点，一个决定性的时刻，一段至关重要的时间和一个达到危急关头的情景”	临界点 转折点	Webster, *Third New International Dictionary*, Springfield:G.C.MERRIAM Company,1961:537–538.
1967	Young，Oran	从动因理论出发定义危机，简言之，危机是一种打乱体系或部分体系运作的情境	迅速进展 破坏稳定 爆发	Young, Oran, *The Intermediate: Third Parties in International Crisis*, New Jersey: Princeton University Press, 1967.
1969	Hermann	危机是威胁到决策集团优先目标的一种形势，在这种形式中，决策集团做出反应的时间非常有限，且形式常常向令决策集团惊奇的方向发展	威胁 反应时间有限 惊奇	Hermann C F. , *Crises in Foreign Policy: A Simulation Analysis*, New York: Bobbs–Merrill, 1969.
1970	Thomas Kuhn	从范式理论看危机是“从常规科学走向科学革命、从旧范式向新范式过渡的一个阶段”“当反常增多并发展到一定阶段，范式调整同化再三失败时，就构成对范式的根本威胁，危机来临”	过渡阶段 同化失败	冯契主编：《哲学大词典》，上海辞书出版社2000年版，第324页。
1980	Foster	危机的四个特征：急需快速做出决策，并且严重缺乏训练有素的员工、物质资源和时间来完成	急需决策 缺乏	张岩松主编：《企业危机管理：理论・案例・实训》，清华大学出版社2017年版。
1986	Steven Fink	从危机变化状态的角度表述：事件处于即将发生决定性变化的一段不稳定的时间或一种不稳定的状态	即将变化 不稳定	Steven Fink, *Crisis management: planning for the Inevitable*, New York: AMACOM, 1986: 15.
1989	Rosenthal	危机是指具有严重威胁、不确定性和危机感的情景。具有危害性和风险性	威胁 不确定性 危害与风险	Donaldson, L. , “Coping with Crises: The Management of Disasters, Riots and Terrorism”, *Australian Journal of Management*, 1991, 16 (1).

续表

时间（年）	提出者	定义描述	关键词	参考文献
1993	Barton	从负面效应来定义危机："一个会引起潜在负面影响的具有不确定性的大事件，这种事件及其后果可能对组织及其员工、产品、服务、资产和声誉造成巨大的损害"	潜在负面影响 不确定 损害	Laurence Barton, *Crisis in Organizations: Managing and Communicating in the Heat of Chaos*, Cincinnati, Ohio: South–Westerm, 1993.
1997	Banks	危机是对一个组织、公司及其产品或名声等产生潜在的负面影响的事故	潜在负面影响 事故	Fearn–Bank.K., *Crisis communications: A casebook approach, Mahwah*, New Jersey: Lawrence Erlubaum Associares. 1997:22.
1997	Lerbinger	对企业未来的获利、成长乃至生存有潜在威胁的事件。具有三个特征：1.对企业造成威胁，管理者确信威胁会阻碍企业目标的实现；2.如果没有采取行动，局面会恶化且无法挽回；3.突发性	潜在威胁 突发性 必须行动	Otto Lerbinger, *The Crisis Manager: Facing Risk and Responsibility*, New Jersey: Lawrence Erlubaum Associares. 1997:10.
1998	Michael Bland	严重意外事件造成企业的安全、环境或企业、产品信誉被不利宣传，使企业陷入危险边缘	意外 不利宣传 危险边缘	Michael Bland, *Communicating out of a crisis*, London: Macrmillan Press Ltd., 1998:5.
1998	Seeger	一种能够带来高度不确定性和高度威胁的、特殊的、不可预测的、非常规的事件或一系列事件	威胁 不可预测 非常规	邵华冬著：《企业公关危机管理研究》，中国传媒大学出版社2012年版，第5页。
1998	何苏湘	从哲学角度表述：危机是企业发展过程中因若干方面的矛盾激化而导致的一种非常规的状态，是事物矛盾的一种特殊表现	矛盾激化 非常规 特殊	何苏湘：《对企业危机管理的理论界定》，载《商业经济研究》1998年第5期。
1999	Donald A. Fishman	发生不可预测的事件、企业重要价值受到威胁、企业对外回应的时间较短、危机沟通情境涉及多方面关系的剧烈变迁	不可预测 威胁 时间紧	Donald A. Fishman, "Crisis Communication Theory Blended and Extended", *Communication Quarterly*, 1999, 47 (4).

续表

时间（年）	提出者	定义描述	关键词	参考文献
1999	Takizawa Masao	危机有五种内涵：1.危机即事故；2.危机即事故发生的不确定性；3.事故发生的可能性；4.危机即危险性的结合；5.危机即预料和结果的变动	事故 不确定性 危险	泷泽正雄著：《企业危机管理》，徐汉章译，高宝国际有限公司1999年版。
2000	I.Mitroff	认为管理危机比定义危机更重要，给出指定性定义：危机就是一个能使组织的整体产生影响或有潜在影响的事件	潜在影响	Ian Mitroff, *Managing Crises Before They Happen*, New York: AMACOM, 2000:34.
2000	苏伟伦	危机是中性词，指新旧的摩擦，使新旧两种机制都不能发挥效用。因此出现大量的失控、失范、混乱、无序，这在本质上是旧机制的危机，危机根植于旧机制中，使其运转失灵	新旧转换 失控混乱 运转失灵	苏伟伦著：《危机管理：现代企业实务管理手册》，中国纺织出版社2000年版。
2003	马建珍	危机是指遭遇严重天灾、疫情，或出现大规模混乱、暴动、武装冲突、战争等，社会秩序遭受严重破坏，人民生命财产和国家安全遭受直接威胁和非正常状态	破坏 威胁 非正常状态	马建珍：《浅析政府危机管理》，载《长江论坛》2003年第5期，第48页。
2003	鲍勇剑/陈百助	从控制论角度将危机定义为“系统的失控和变态”。当系统循环受到外部环境或内部因素变化的影响而无法保持稳定时，系统就可能出现失控和变态现象，即危机发生	失控 变态 不稳定	鲍勇剑、陈百助著：《危机管理：当最坏的情况发生时》，复旦大学出版社2003年版，第38—39页。
2003	薛澜	潜在的各种社会矛盾与社会问题积聚激化后的表现形式，或者说是冲突的人群试图通过非常规或极端的方式，促使有关政府部门解决没有预见或长期无力解决的问题	矛盾激化 极端	薛澜、张强、钟开斌著：《危机管理：转型期中国面临的挑战》，清华大学出版社2003年版第25页。

续表

时间（年）	提出者	定义描述	关键词	参考文献
2004	罗伯特·希斯	认为危机涵盖了三种情境：对人员和资源的威胁，对人员、组织和资源造成可见的失控，和不可见的影响	威胁 失控 不可见的影响	[美] 罗伯特·希斯著:《危机管理》，王成等译，中信出版社2004年版第14页。
2004	刘刚	综合国外研究成果，将危机定义为一种对组织基本目标的实现构成威胁、要求组织必须在极短的时间内做出关键性的决策和紧急回应的突发性事件	威胁 紧急决策 突发	刘刚主编:《危机管理》，中国经济出版社2004年版，第3页。
2005	胡百精	危机是由组织外部环境变化或内部管理不善造成的可能破坏正常秩序、规范和目标，要求组织在短时间内做出决策，调动各种资源，加强沟通管理的一种威胁性形势或状态	破坏 紧急决策 威胁	胡百精著:《危机传播管理》，中国传媒大学出版社2005年版。
2007	李云宏/吕洪兵	在任何组织系统及其子系统中，因其外部环境和内部条件突变，对组织系统的总体目标和利益构成威胁而导致的一种紧张状态	突变 威胁 紧张状态	李云宏，吕洪兵:《浅析危机管理》，载《冶金经济与管理》，2000年第5期。
2007	董传仪	危机就是风险事故，是指组织因内、外环境因素引起的一种对组织生存具有立即且严重威胁性的事件或情景	风险事故 威胁	董传仪著:《危机管理学》，中国传媒大学出版社2007年版，第5页。
2012	邵华冬	危机是以对于组织声誉、生存发展目标或获得性产生威胁，并引发了外界相关利益群体感知，以突发性事件爆发为标志，要求组织在有限资源（有限时间、有限人力物力支持等）条件下做出反应，主要通过管理利益重建等手段加以解决的一种威胁性异化公共关系状态	威胁 突发 有限 紧急决策	邵华冬著:《企业公关危机管理研究》，中国传媒大学出版社2012年版，第7—8页。

要进行管理危机，就得先知道危机是什么。从众多定义中可以看到，有些学者把危机定义为“事件”，有些学者把危机定义为“情境”或“状态”。从心理工作的实践出发，我个人更倾向于将与组织相关的危机视为一种“情境”，危机情境通常由“突发事件”“系统”“人”三个元素共同构成。只有“突发事件”并不必然造成危机，当突发事件引起“系统”和“人”的失衡和失控时，才构成完整的危机情境。这里的“系统”从广义的概念来看，泛指被事件影响的生态、环境、体系、能量、信息流、规则、程序等互相关联互相影响的复杂有机整体。“人”在这个概念中作为一个特殊的元素，既是“危机”的“发明者”也是“经历者”；是“系统”中的一部分，也自成一个“系统”。人对于危机情境的预设认知，常常决定了危机是“危”还是“机”。

所以，对于危机工作者来说，需要知道虽然危机情境在多数时候会带来痛苦和损害，但本质上危机情境仍是一个中性的存在。在当今社会快速发展和迭代的大背景下，无论是出于主动还是被动，系统和人的“平衡态”都在不断地被打破，人们时常处于一种“失控”状态，我们也在重新获得平衡和控制的过程中完成系统的升级和个人的成长。从这个角度看，我们确实身处一个“危机时代”，而“危机管理”不仅是组织的生存需要，也是每一个个体的生存需要。

危机情境中的“失衡”和“失控”既是系统性的，也是个人的，当这种失衡和失控发生在个体身上时，就发生了心理危机。心理危机是指面临某些突发事件（个体无法避免的、强大的应激事件）时，个体运用自己寻常的方式不能应付所遭遇的内外困扰时的反应，出现明显的急性的情绪、认知及行为上的功能紊乱。

心理危机的发生，并不只取决于事件本身的性质，也取决于个人以往的经验、性格、应对方式、生理状况、支持系统等。

二、组织常见的危机有哪些

对于组织来说，危机不仅仅发生在地震、海啸这样的自然灾难时，更可能发生在日常运营当中，例如，发生在辞退一个员工或组织一次团建这样的“小事”上。

虽然灾难的发生通常会给组织及其成员造成重大的损失，但无论是在学术界还是在实践中，对于灾难危机响应的各类研究和经验总结都较为成熟，从国家到组织的各级响应预案也比较成体系，灾难一旦发生，就会引起国家和社会的广泛关注和支持，组织也能获得更为充足的资源去应对危机。同时，因为“受难者”的位置显而易见，也更容易获得舆论和公众的共情，组织在进行灾难的危机响应时可以更为“纯粹”。因此，大部分组织在灾难的危机响应过程中相对不容易“犯错”。反而是一些日常的风险，因为太过平常和琐碎，往往容易被组织忽略而引发危机，并且在危机发生时，因为意识和认知上的不足，组织容易忽略危机对组织成员产生的影响，在危机响应时更为“随机”和“临时”，导致次生危机，或者组织的运营已经被危机事件严重影响却不自知。

从心理工作者的危机管理实践出发，根据引发危机情境的事件类型，将危机情境分为“自然灾难”“事故”“社会/热点事件”“生命剥夺”“身心健康”“组织变革”“组织内恶性事件”七大类别，在表1–2中，针对每类危机情境都列举了一些典型的事件，以帮助我们对于要在其中开展工作的危机情境有更为直观和具体的认识。这里面比较特殊的是“组织变革”，与其他危机情境不同，“组织变革”是由组织或组织中的个人主动发起的，尽管发起者通常有着积极正面的发起目标和“必胜的决心”，但我们仍需意识到，变革的实质就是打破系统和个人原有的平衡状态，进入一种失衡和相对失控的危机情境。因此，变革管理中很重要的部分正是危机管理。

表 1-2　组织中典型的危机情境

危机情境	案例
自然灾难	汶川地震/日本海啸
事故	天津港爆炸事故/危险品泄漏/普吉岛海难
社会/热点事件	昆明火车站暴恐袭击事件/幼儿园虐童事件
生命剥夺	猝死/自杀/交通意外
身心健康	精神疾病/高致死率疾病/传染性疾病
组织变革	裁员/关厂/并购
组织内恶性事件	暴力/性骚扰/经济犯罪

每个组织的性质和实际情况也影响着不同危机情境在该组织发生的概率和倾向性。如果你在组织内部从事危机管理相关工作，我想请你回顾和思考：（1）除自然灾难外，你所在组织曾经经历或发生过哪些危机？（2）组织所在行业/领域曾经发生过哪些危机？（3）你所在的行业和组织的性质对不同类型危机发生的概率是否会有影响？会有怎样的影响？

三、危机对组织有哪些影响

我们很自然地会想到危机对组织的财物、声誉、运营的直接影响。此外，组织成员在危机中受到的冲击，也会影响其在组织中的表现，比较常见的包括：“工作效能感”“离职意愿”“组织认同感”“人际氛围/环境”“沟通合作”“生产安全”等。关于这些影响，我们需要知道一个心理学概念——应激反应，它是指个体在危机情境下生理、心理、行为的综合反应。应激反应是个体在非正常情境下的正常反应，并不需要纠正或治疗。但急性的应激反应和持续的应激状态都会对人的决策与行为产生影响，增加决策与行为风险。危机工作者需要了解应激反应在组织危机管理中涉及的群体心理过程和人际动力学。

基于应激心理的研究与事实，给组织管理者的几点思考提示：

❶ 快速反应时要警惕“直觉”的决策行为偏误

应激会削弱个体的目标导向能力，抑制个体的认知控制和理性推理能力，启动直觉系统，增强已有的认知偏向，造成决策行为偏误（“回避—攻击”“利他—利己”“合作—敌对”）。直觉系统虽然能够提升决策的速度，但同时也增加了决策的风险。

危机对平衡和稳定性的破坏会促使人们对原有的系统和模式进行反思，并激发改变行动的急迫感。但在危机情境下做出人生的重大决定或组织的重大决策并不明智。

危机中常见的认知决策偏误▼

- **正常化偏误（normalcy bias）**：当危机发生时，因为“希望”能一切如常，而对其紧迫性和严重性视而不见，拒绝做出反应或改变。往往错失反应的最佳时机。
- **积极预期偏误（positive outcome bias）**：对事情发展的结果做出过分乐观的预期，以致无视当前的困境。

- 不作为偏误（omission bias）：认为主动反应导致伤害比不作为导致伤害更糟糕，更不道德。

❷ 不能指望应激反应立刻就结束

危机事件的处理可以很快了结，但任何心理上的冲击/创伤都有其自然的发展和恢复过程，这是事件性质、个体特质、环境的交互结果。每个人的应激反应强度不同，心理恢复需要的时间长短和过程也不相同，刻意制造的“积极乐观”氛围，有可能会拔苗助长，适得其反。

❸ 大部分生理应激反应是“不可控”和“一过性”的

危机发生时个体的大脑以完全自动化的方式进行“本能反应”，已经有研究证实，应激状态下个体的注意力、记忆力、思维力、执行控制力、情绪控制力等会受到不同程度的影响，这会直接导致个体的效能感受损，增加安全风险。但令人欣慰的是，多数个体的生理指标和认知功能会在一段时间后恢复到正常状态。（个体的应激反应见本书第三部分）

❹ 物质的补偿之所以有用，是因为它传递了尊重、公平、理解、支持、爱和希望

物质的损失是所有危机造成的损失里最显而易见的，也是最容易弥补的，人们对“赔偿方案”的纠缠，往往是为了让那些“隐藏的损失”有机会被看见、被安抚。这些需要被弥补的隐藏损失包括：安全需要、信任需要、控制需要、亲密及自尊的需要。

四、组织危机管理4R模型

出于研究与实践的需要，不少中外专家学者提出了危机管理的模型，其中知晓率较高的包括米特罗夫（Mitroff）和皮尔逊（Pearson）提出的五阶段危机管理模型（信号侦测、探测和预防、控制损害、恢复阶段、学习阶段），诺曼·R.奥古斯丁（Norman R. Augustine）的危机管理六阶段模型（危机的避免、危机管理准备、危机确认、危机控制、危机解决、从危机中获利），中国学者薛澜提出的危机管理五阶段论（预警准备、识别、隔离、管理、事后处理）和胡立成的三阶段论（危机前预防、危机处理、危机后恢复）。

危机管理专家罗伯特·希斯的4R模型认为，缩减（Reduction）、预备（Readiness）、响应（Response）、恢复（Recovery）是构成危机管理的四个重要内容。其中，缩减是贯穿危机管理全过程的核心内容，危机管理的主要目标，就是减少组织发展过程中的风险和威胁，降低危机发生时的损失与响应成本，提高组织监控与抵抗危机的能力，使得组织有更大的概率健康可持续地发展。

4R模型

在实践中，4R模型也非常具有操作性、指导性，因此被很多组织广泛使用。

五、什么是组织危机管理心理学

前面我们提到危机情境由“突发事件”“系统”“人”三个元素共同构成，如果我们能够正视“突发事件”的不可预测和不可避免性，那么自然就会明白危机管理的对象其实是“系统”和“人”。更明确地说，危机管理是在管理“系统”和“人”失衡和失控的情境，这种情境管理的最理想模型是：通过对系统和人的持续工作，使事态发展维持在平衡和可控的状态，并且当“突发的（或主动的）”失衡和失控发生时，有充分的准备和能力使系统和人达成一种新的平衡，同时完成一次系统升级与个人成长，然后进入维持平衡的新循环中，如此往复，帮助系统和个体保持一种螺旋式上升的态势。由此可见，危机管理是一个动态的、系统的、整体性的过程，其持续效果是增强组织与个体的“抗逆力”，这个过程的每个环节都离不开对危机中个体心理、群体心理，及其互动过程的理解和管理。

因此，组织危机管理心理学不应当等同于心理危机干预，也不应当局限于心理创伤学的研究领域，而至少应当包括以下四个层面的研究与实践：个体危机心理、群体危机心理、组织行为与管理、心理创伤的预防与治疗。

个体危机心理：个体对危机的感知、应激反应、心理需求、防御机制、压力管理、危机中的认知决策行为偏误、个体抗逆力等	**群体危机心理**：危机中的群体心理过程、群体反应、集体潜意识、人际动力、群体极化效应、谣言与舆情等
组织行为与管理：以个体和群体危机心理为基础的危机管理体系、流程与预案执行、危机响应生态系统、危机信息发布、组织抗逆力等	**心理创伤的预防与治疗**：知识普及、心理素质提升、重大事件压力管理、心理急救、专业心理治疗等

组织危机管理心理学

六、什么是危机干预

1906年，美国全国救护生命联盟设立了第一条危机电话热线，自杀预防也因此成为危机干预史上最早开展且运行最久的实践与研究项目。1942年，波士顿椰树林夜总会大火致400多人死亡，在对事件幸存者进行治疗的过程中，林德曼（Lindermann）第一次提出了面对灾难的“正常”悲伤反应的概念。此后的研究者不断在危机相关的领域进行探索，危机干预学的基础理论框架逐渐成形。但直到20世纪70年代，越战退役的美国军人经过努力才使得创伤后应激障碍（post-traumatic stress disorder，PTSD）被正式确认为一种精神疾病，开始获得政府资助的研究和治疗。一些接受私人捐助的危机干预机构，如家暴受害者热线、反醉驾母亲协会等，也开始运营并吸引了更多受害者和志愿者的关注。随着媒体的发展，人们对于重大灾难有了更多“身临其境”的接触，这也改变了人们看待灾难和心理创伤的方式。在不断发生的灾难被曝光于公众视野中的同时，大量的研究和实践使得危机干预作为一门学科获得飞速的发展，危机干预被认为是一种有效的、有益于人类健康的学科，越来越被政府、民众所接受。

在不同的危机理论背景下发展出了多样的危机干预模式，其中，平衡模式认为，危机干预的目标就是帮助经历危机的个人重新获得危机前的平衡状态。这被视为最纯粹的危机干预模式。

20世纪90年代末，以吉斯特（Gist）为代表的一些研究者提出了“创伤观光业”的概念，泛指那些因灾难后的心理援助而衍生出的商业演出、商业出版物、访谈节目和慈善捐助活动等。人们开始注意到，过度的“帮助”可能会削弱当事人以自己的方式来应对创伤的努力，那些自以为是的干涉，对恢复当事人的自主性和适应力可能是阻碍。当对心理援助的关注背后掺杂了商业利益、“人血馒头式”的传播与消费、伪科学，甚至欺诈等复杂因素时，善意的援助反而可能变成伤害。

七、心理学视角下的组织危机管理与危机干预有何区别

表 1-3　组织危机管理与危机干预的区别

	危机管理	危机干预
对象	组织及组织中的个人	个人
时间	危机全过程：预防、应对、控制、恢复	危机发生后
目标	保障健康可持续发展，增强组织与个人的抗逆力	帮助个人恢复心理平衡与正常生活
顾问	心理学/管理学/组织行为学/传播学	心理学/创伤学

由表 1-3 可见，心理学视角下的组织危机管理与危机干预在工作对象、工作时间、工作目标和对工作者（顾问）的要求上都有差异。

危机管理的对象是“系统”和“人”，具体到组织危机管理中，即组织与组织中的个体；而危机干预更多的是关注个体。

危机管理的工作贯穿了危机的全过程，包括危机前的预防、危机发生时的响应与控制及危机后的恢复；而危机干预通常是在危机发生后介入。

危机管理的目标是保障组织健康可持续发展，增强组织与个体的抗逆力；而危机干预的主要目标是帮助个体恢复心理平衡与正常生活。

最后，作为危机管理顾问需要具备一定的心理学、管理学、组织行为学、传播学，甚至法学等复合知识或从业背景，对问题解决能力和跨专业实践能力都有较高要求；而从事危机干预工作的顾问目前以心理学（医学/精神病学/创伤学）背景的人员为主，他们在工作中对于个体心理

危机状态的评估与干预更为专业。

八、哪些人是心理工作者

“心理工作者”并非一个岗位或专业的称谓，而是泛指依托自己具有的心理学知识和能力，使用心理学方法，为组织和个人提供心理学视角的专业信息和解决方案，并为组织和个人提供及时和必要的心理支持的工作者。

根据2018年国家卫生健康委、教育部等10部门印发的《全国社会心理服务体系建设试点工作方案》，心理工作者将在基层社区、教育系统、机关企事业单位等社会各个层面开展工作，提供服务。其中与危机管理相关的心理工作者包括：正在为组织提供危机支持服务/应急管理与响应工作的心理顾问（独立执业或在机构执业），相关的精神卫生专业人员（精神科医生、心理治疗师等），企业、学校、政府机构等组织内有危机管理职能的岗位工作人员（如应急响应、人力资源、工会、党群、风控、安全等相关部门负责人和工作人员），企事业单位内部的EAP（Employee Assistance Program，员工心理援助项目）工作团队，学校里的心理辅导老师，为社区和弱势群体提供服务的社会工作者，心理服务志愿者，等等。

九、危机管理中心理工作者的角色

根据心理工作者的定义，在危机管理中的心理工作者首先是一个“专业技术人员”，其次才是一个支持者和服务者。

对于为组织提供商业危机支持服务的心理顾问来说，需要明确其所提供的服务是一种极具“专业性”的服务，心理顾问与组织之间并非单纯的买卖关系，组织虽然是付费方，但提供哪种服务、何时提供、如何提供，是需要由心理顾问根据组织的情况进行判断后给出专业意见的。类似于我们到医院去看病，虽然钱是我们出的，但做什么检查、诊断为什么病、怎么治疗、吃什么药，还得听医生的专业意见。但现状是：案例中X顾问遇到的那类情况非常普遍，客户公司一个电话打过来，说发生了危机，让心理顾问立刻去做个危机团辅，有些顾问急客户之所急，二话不说赶过去就做。这就像一个病人来看急诊，进门就要求大夫给开个刀，而大夫一看病人那么着急，什么检查也不做就直接架起病人进了手术室，更甚者，还有病人家属要求旁观的。在这种情况下，无论这个大夫的医术多么高明，这手术都是在玩儿命。这样的比喻可能有些夸张，但二者的性质是一样的，在这种情况下，危机团辅会不会“搞砸”就多半是运气问题了。

那么，在组织内部的心理工作者所面临的情形会不会好一些呢？其实不然，组织内部的心理工作者虽然具备一定的心理学知识和技能，但在组织中常常是“兼职”，如企业中EAP专员，大多有自己的本职工作，是出于热爱和善意而兼任EAP专员的，这时EAP专员的心理工作者角色实际上是辅助本职工作角色的，发挥你的心理学优势更好地完成本职工作才是正事；还有的心理工作者在组织中是专职，却并不被重视或被边缘化。我常听到学校的心理老师抱怨自己是学校里的“闲杂人员”，就是大家都觉得你很闲，实际上什么人都能安排你做事的打杂人员。这样的岗位往往是由于政策或历史原因设立的，并非从组织自身的需要出发，造成了岗位在组织中“有必要无需要”，组织和心理工作者本人都没有明确岗位的真实价值，自然也就变得可有可无。

在危机管理中，提供商业服务的心理顾问及组织内部的心理工作者，无论是独立工作，还是在一个危机管理团队中工作，除了客观现实中的工作角色，还需要清楚自己的主观工作角色。以下几个问题可以帮助我们思考自己在危机管理中的角色，厘清工作职责，划定工作的边界。

问题1：客观工作角色对你的要求是怎样的？（责任/义务）

问题2：你所掌握的心理学知识和技能的边界及扩展边界在哪里？（能力边界）

问题3：在危机工作中，你可以做哪些事，不可以做哪些事？（权力边界）

问题4：当你做到什么时，你为自己感到非常自豪；当你做到什么时，你认为自己的表现是合格的？（自我期待边界）

例如，X顾问是一位受雇于心理服务公司和企业客户的独立执业的心理顾问，下面摘录部分他对这四个问题的回答。

问题1：心理服务公司和企业要求我提供专业、及时、保密的危机干预服务和危机管理服务，但对于什么是专业的，我和客户都需要明确。

问题2：我既经过了专业的学习和训练，又有足够的经验，做危机的一对一辅导和团体危机辅导都没问题，但危机科普培训并不是我的长项，在与客户沟通，给客户相关危机管理心理建议时，我的能力和经验都不足，我可以刻意加强这方面的能力，也可以与擅长这些方面的其他顾问或专业公司合作。

问题3：对于客户的需求（如做一场危机团辅），我可以先和客户一起评估，做什么对受影响的员工和组织是有利的，如果客户执意做出一些从专业角度看可能有风险的行动，我需要提示行动风险和可能发生的损害后果；我也可以拒绝参与会有明显损害的行动……我不可以不经过评估就直接行动，我不可以承诺我能力之外的事，我不可以代替客户或干预的对象做决定……

问题4：当我通过我的参与让经历危机的组织和个人都能平稳度过时，我为自己感到非常自豪；当我做到……时，我认为自己的表现是合格的。

X顾问觉得第四个问题最难回答，他能很快速地回答出希望自己达到的最高目标，但好像从未想过自己做到什么程度就算合格了，这也导致了他在工作时虽然每次都竭尽全力，但总是对自己不够满意，时间不长就开始产生倦怠的感觉，觉得很累又没有成就感。即使客户表示了认可，他也会怀疑客户是在客气。如果客户什么都没有说，他就担心是不是自己的工作效果不好。这次客户很生气，这对于X顾问来说就是自己被完全否定了，所以才会有之前那通情绪崩溃的电话。直到最后，X顾问也没有完成最后那个问题的回答。

十、什么是“第一求助者原则”

在组织危机管理中，心理工作者可以支持的对象，按支持对象与危机的关系可以简单分为三类：危机直接影响的群体、危机间接影响的群体、危机管理与响应团队。

危机直接影响的群体，是指亲历、目睹或听闻了危机事件，并因此受到重大心理冲击的群体。包括当事人（当事人死亡或重伤时，关系密切的亲友也视为当事人）、目击者等。

危机间接影响的群体，是指通过非直接的方式，接触与危机相关的消息或细节，并因此受到一定影响的群体。包括当事人的亲友、本部门及相关工作网的同事、组织其他成员、管理者、同质性群体、媒体、公众等。

危机管理与响应团队，是指在组织中有危机管理职责，或在危机中直接或间接参与危机管理响应的工作人员。包括参与了救援、家属陪同、组织协调、决策、事务处理、公共关系等工作的人员。

以上三类都是心理工作者的支持对象，但通常情况下，在组织危机管理中，危机管理与响应团队是心理工作者的首要支持对象。心理工作者最重要的工作之一，就是要帮助危机响应团队和决策者稳定情绪，梳理信息，觉察其可能因为处于应激状态而扭曲的情感与认知，从而尽可能地避免危机响应团队或决策者做出不恰当的决策和行动。

在危机响应过程中，对于组织内部的心理工作者而言，最重要的支持对象就是危机响应团队的决策者。而作为第三方的心理顾问，最重要的支持对象要根据其所在危机团队的角色而定。以危机管理为主要工作的顾问，其支持对象就是组织内部的危机响应团队及其所在的危机干预团队。以执行危机干预行动为主要工作的顾问，其支持对象就是危机干预的对象。与此同时，无论是组织内部的心理工作者，还是组织外部的心理顾问，都需要遵守"第一求助者原则"。所谓第一求助者原则，是指在从事危机管理工作的过程中，或危机发生时，最先向心理工作者提出支持需求的对象，无论其是为自己还是为他人或为组织提出需求，这个需求的提出者本人都是心理工作者的第一支持对象。

在X顾问的例子中，他的第一支持对象并不是来参加危机团体辅导的员工，而是客户公司那位请他来，最后又责怪他不专业的HR。根据"第一求助者原则"，X顾问需要先关注她本人在危机中受到的影响，也要支持她明确自己在危机响应团队中的角色定位。只有当这位HR处于相对平稳和理性的状态时，她才能和X顾问共同梳理相关信息。人们在感觉到被理解、被支持时，也会更有动力和能力去反思自己，进而影响危机响应团队的决策者，就有可能觉察到那些因应激而扭曲的情感与认知，重新评估决策和行动的恰当性。

十一、如何组建危机响应团队

❶ 危机管理生态系统

组织危机管理生态系统由内部危机响应团队、内部支持系统（财务、行政、采购等）和外部专业支持系统（医疗、媒体、法律、心理等各类专业服务机构）组成。

❷ 内部危机响应团队

内部危机响应团队通常包括：决策者（领导者）、相关部门负责人、公共关系部门工作人员、法务、组织协调者、专业人员（心理、IT、安全等）。

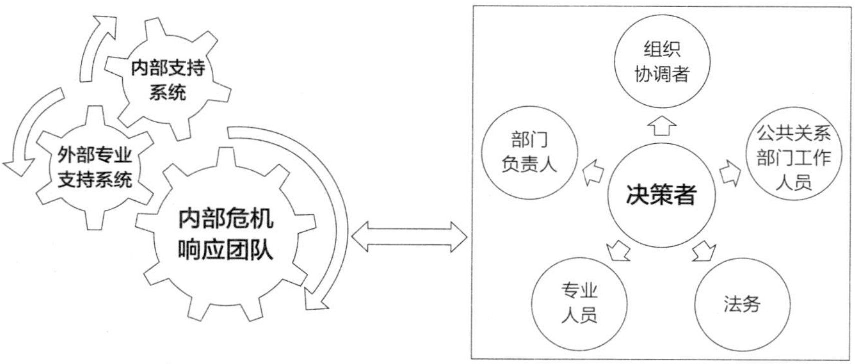

组织危机管理生态系统

3 心理服务机构的危机项目响应团队

对于专业的心理服务机构来说，标准的危机项目响应团队至少应包括：项目经理、危机管理顾问和危机执行顾问。因为所支持对象和工作要求的不同，以及出于专业设置、保密协议与减少法律风险的考虑，在同一项目中危机管理顾问和危机执行顾问不能由同一人担任。

十二、组织危机管理与干预策略的三阶段

在表1-4中，将危机管理与干预策略按危机管理模型的三个阶段（预备、响应、恢复）并区分不同的支持对象来进行分类，可以清晰地看到，在组织中，在危机管理的不同阶段针对不同人群可以开展哪些工作。

表1-4　组织危机管理与干预策略三阶段

危机管理模型阶段		预备	响应	恢复
支持对象	组织	协助组织建立风险管理系统、流程与危机响应预案 危机响应团队的筛选、组建与赋能 危机响应预演练	协助组建危机响应内部团队 为危机响应计划危机沟通策略的制定、实施提供专业心理建议与支持	危机项目结案报告与小结 流程/制度/管理风险提示 风险管理系统优化 复原力项目设计
	危机响应团队/党群/工会/HR/管理者	危机管理团队专业赋能培训与训练 管理者风险意识提升与危机防控赋能系列培训 特殊管理案例多视角研讨会	危机管理会议 一对一危机管理咨询 困难情境沟通指导与演练 危机管理心理常识普及培训 危机/裁员现场支持	替代性创伤评估与处理 危机响应团队事后督导 危机项目结案研讨会 危机后不同阶段管理咨询
支持对象	组织成员	心理健康知识普及系列课程 心理关怀活动策划 员工心理素质提升项目 提升个体风险意识，完善个体支持系统	一对一危机干预/心理急救/哀伤辅导 团体辅导/哀思会 重大事件后压力管理培训 危机/裁员现场支持	回访、为有需要的员工或家属提供持续的专业帮助 团队复原力项目实施：培训、团辅、线上与线下活动等

十三、常用危机工作策略概览表

因为危机理论流派的众多与组织管理的差异性，危机工作策略的选择在实践操作中呈现出两极化的态势。一种极端是某些心理工作机构过于强调专业性，在进行危机工作策略的选择时要求必须满足全部条件，流程必须做全套，对专业人员的要求也极为苛刻，这种脱离组织实际去追求专业性的执着往往并不能达成组织的期待，常以项目流产或预算超标为结局。另一种极端是极度地简化危机工作策略，如像X顾问遇到的公司那样，只要发生了危机事件就给员工做一个团辅，把某一种策略当成万能灵药。产生这种情况的主要原因是决策者对于危机工作策略缺乏基本的认知。

为了使危机工作策略的选择既能保证基本的专业性，又不至于形成过高的专业壁垒造成决策困难，我将在组织中最为常用的危机工作策略汇总到表1-5中，并对每种策略的工作目标和操作方式、支持对象、最佳使用时机、人员配备/专业要求、干预形式都进行了简要的说明。后文还会对相关危机支持策略进行更为具体的介绍。

表1-5　危机工作策略概览表

危机管理模型阶段	支持策略	目标/操作说明	支持对象	最佳使用时机	人员配备专业要求	干预形式
预备	危机管理体系搭建	组织整体风险管理与危机响应体系搭建、风险评估、危机响应团队组建、危机响应预案与流程建立等	组织、相关职能工作者	日常，事前	定制化/危机管理顾问	调研/评估/研讨会/体系化/规则化
	危机预防性培训	为防范危机发生、增强组织预防和应对危机的能力而进行的培训，例如“组织危机管理基础”“员工情绪风险的识别与帮助”“如何专业地传递坏消息”“困难情境沟通”等	组织中有危机管理职能的岗位同事、党群、工会、HR、中基层管理者	日常，事前	定制化/危机培训顾问	地面/远程/微课
	危机响应预演练	对组织常见或重大的危机事件进行演习，帮助相关人员熟悉危机响应流程和操作	危机响应团队、危机响应相关职能部门	日常，事前	特定危机演练脚本/危机管理顾问	现场
响应	危机管理会议	1. 危机发生的第一时间，与组织一起梳理收集事件信息，组建危机处理团队，明确分工，澄清工作原则与目标 2. 制订危机处理方案与行动计划 3. 提示风险点与行动注意事项 4. 危机进展过程中需要更新信息与及时决策	危机处理团队、管理者、HR、相关责任人	事后第一时间，项目进展中	1—1.5小时，客户经理+危机管理顾问	面对面/电话

续表

危机管理模型阶段	支持策略	目标/操作说明	支持对象	最佳使用时机	人员配备专业要求	干预形式
响应	危机管理咨询	在危机处理过程中的危机管理相关问题的一对一咨询，例如危机沟通策略与演练	危机处理团队、HR、管理者	事后第一时间，项目进展中，事后2—4周、3—9个月、需要时	50分钟，危机管理顾问	面对面/电话
	一对一危机干预	评估当事人的危机反应与状态，通过专业干预技术，帮助当事人稳定情绪，逐渐恢复到危机前的心理平衡状态	危机事件当事人及相关受影响个人	事后第一时间，需要时	30—90分钟，危机干预顾问	面对面/电话
	危机小组干预	帮助小组成员安全地交换信息，表达感受，澄清误解，恢复个体心理平衡，促进小组沟通与相互支持	危机事件亲历者及相关受影响群体	危机事件团体应激晤谈：事后24—72小时，5—10天，3—4周	2小时/8人以内/通过同质性评估/由两名危机干预顾问带领	面对面
	危机现场支持	随同危机干预团队到现场进行配合性工作，提供应急性和稳定性的心理干预，提供心理相关的评估性参考信息与建议，对现场风险进行预判、提示与干预等	危机小组成员、管理者、HR、危机当事人及其家属、其他受危机事件影响的人	事后第一时间到达现场	危机项目管理顾问/现场两名资深危机管理顾问	危机现场全程支持
	CMB	提供资讯：事件目前的基本情况；控制流言；减少混乱；分享有效的应对压力的方法；为持续的跟进服务或者转介提供指引；增加士气	受影响的组织成员、公众、危机处理团队、救援者	事后24—48小时内，救援干预任务动员，需要时	20—45分钟，场地布置/信息公布责任人+危机管理顾问	现场/媒体/远程

续表

危机管理模型阶段	支持策略	目标/操作说明	支持对象	最佳使用时机	人员配备专业要求	干预形式
响应	哀思会	帮助参与者表达感受，获得支持，通过仪式感完成哀悼	受影响的组织成员	事后5—9天	1.5—3小时，场地布置/物料准备/至少两名危机干预顾问	地面
	重大事件压力管理培训	重大事件压力管理常识，危机心理科普性课程，科普危机后心理健康保健常识，心理急救常识，等等	危机恢复期群体，在危机事件中受影响较轻微的群体	事后3天—4周	1.5—3小时/30人以内/通过同质性评估/危机培训顾问	地面/远程/微课
	裁员现场支持	在裁员期内，为企业提供现场咨询，帮助工作团队澄清角色与边界，讨论困难沟通策略，帮助受影响员工稳定情绪，理清思路，讨论其在转变期困扰的问题	裁员工作组成员、HR、管理者、员工及受影响同事	项目开始前30分钟到达现场	裁员项目管理顾问/单独会谈室/现场两名专业顾问	驻场支持
	危机项目报告	以正式书面报告的形式，对危机项目进行梳理、评估、建议与小结	组织	在首次危机管理会议后、危机项目进展中或结束时	危机管理顾问/保密性	书面报告
恢复	危机处理团队/个体督导	为提供危机支持的专业顾问及工作人员提供团体督导和个人督导	危机支持专业人员	危机项目进展中或结束后	危机督导顾问	面对面/电话

续表

危机管理模型阶段	支持策略	目标/操作说明	支持对象	最佳使用时机	人员配备专业要求	干预形式
恢复	替代性创伤评估	为提供危机支持的专业顾问及工作人员提供替代性创伤（成长）评估	危机支持专业人员	危机项目进展中或结束后	危机督导顾问	面对面/电话/测评
	哀伤辅导	为有需要的个人提供持续的专业帮助	家属/有需要者	需要时	专业哀伤辅导顾问	面对面
	回访/转介	为有需要的个人提供必要的评估与专业帮助	有需要者	回访：初次干预后1—4周 转介：必要时/4周未缓解	危机干预顾问	面对面
	复原力团建活动	修复团队凝聚力，修复团队表达力，促进团队沟通	受影响团队/危机支持团队	事后2—4周、3—6个月、6—9个月/需要时	复原力恢复计划/专业团建带领顾问	地面/户外
	复原力赋能培训项目	定制项目式复原力能力提升相关主题培训	受影响团队/危机支持团队	事后6—8周、3—6个月、6—9个月/需要时	复原力恢复计划/专业培训顾问/复原力教练	地面/远程/微课/教练

注意：表格中所给出的说明仅作为一般性建议，供危机管理培训学员内部学习及训练使用，请勿用于商业用途。

十四、心理防护的“四维”策略

“知、情、意”是人类心理活动的三种基本形式，“行”是心理活动外化的行动与表现，心理防护“四维”策略就是通过意识提升、知识普及、同理情绪、管控行为，为组织成员提供全方位的心理防护。

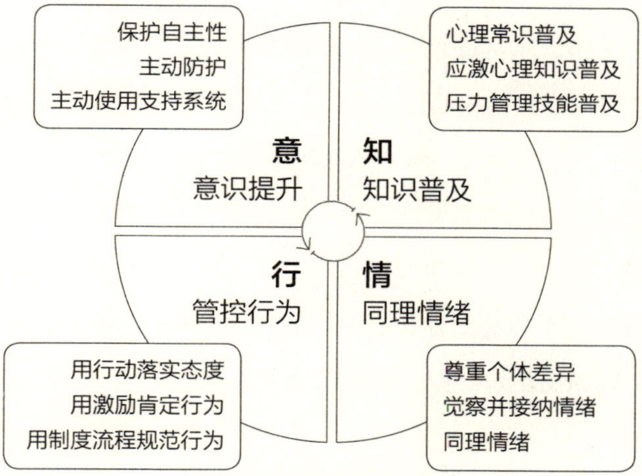

心理防护的“四维”策略

“意”，即意识提升。提升组织成员的心理健康意识和风险意识，使其能够主动发现风险，及时采取行动，保护其在应对危机时的自主性和主动性，增加其主动使用支持系统的意愿。

“知”，即知识普及。包括与心理健康相关的常识普及、应激心理知识普及、压力管理技能普及等。

“情”，即同理情绪。提升组织成员的自我情绪觉察能力与他人情绪感知能力，搭建组织内部的情感支持系统，在危机发生时能够尊重个体差异，接纳正常的情绪反应。

“行”，即管控行为。用制度流程规范行为，是预防风险行为发生的基础，对于组织鼓励的行为要及时肯定（物质和精神的激励）。组织对待危机的态度、在危机中的决策和行动，是组织价值观最有力的表现，需要保持它们的一致性。

十五、什么是危机管理会议

随着企业危机意识的提升，很多企业开始在刚觉察到风险时就引入心理顾问的支持，这种前置性的危机管理咨询或危机管理会议是整个危机管理体系里最有必要、性价比最高，又最容易被忽略的。

最有必要，是因为这是阻断风险发展成危机的关键节点。

性价比高，是因为在发现风险后立即启动危机管理的程序，虽然花费了一些时间和资源，但能够在很大程度上减少危机发生的可能性。即使危机的发生不可避免，也会因为提前的心理和资源准备，使得组织在危机发生后能做出更快、更适当的响应和应对，减少因危机造成的损失，缩短恢复的时间。

容易被忽略，是因为要能觉察到风险，并且在觉察到风险后启动危机管理程序，需要组织有相对完整的危机管理体系和流程，需要相关人员有基础的危机管理意识、知识或经验。在我们接触过的组织中，目前只有少数组织能够做到前置性的危机管理。

危机管理会议是由危机响应责任人与相关专业工作者共同参与的，对如何应对和管理当前危机形成一系列行动决策的紧急会议。危机管理会议对危机响应行动有指导性意义，应在危机发生后的第一时间，以及在危机响应过程中的关键节点或情境发生重大变化时进行。

在危机管理会议中需要达成的目标包括：

- 梳理危机事件现有信息，明确需要补充收集的信息；

- 组建危机响应团队、明确团队分工、澄清工作原则与目标；
- 盘点组织可用于危机响应的内外部资源；
- 开展初步的危机评估；
- 制订危机响应方案与行动计划；
- 相关专业工作者给出风险点提示与行动注意事项。

十六、影响危机管理会议效能的五个因素

危机管理会议通常时间只有1到1.5个小时，在这么短的时间内要发挥最高的会议效能，就需要控制好“参与人、流程设置、前期准备、结构化提问、会议纪要”五个关键因素。

下面从心理工作团队的视角来分别对这五个因素进行说明。

参与人。在危机发生的初期，信息是碎片化的，不同的人掌握着不同的信息碎片和资源，因此，通过召集必要的“信息持有人”和“资源持有人”参与会议，能够最大限度地整合信息与资源。

组织方参与人包括：危机响应责任人、直接管理者、资源统筹协调人（在企业中通常是HR/党群/工会/行政职能）、相关责任人。

专业工作参与人包括：危机管理顾问、会议记录与整理者（通常由项目经理负责）、法律/IT/公共关系等专业人士。

流程设置。危机管理会议在清晰的流程下进行时才能发挥最大的效能，前期准备和会议纪要整理虽然不在会议中进行，却是整个危机管理会议不可缺少的重要环节，在会议结束前要对会议决策进行小结，并确认每个参与者都已经清楚自己的行动时间表。

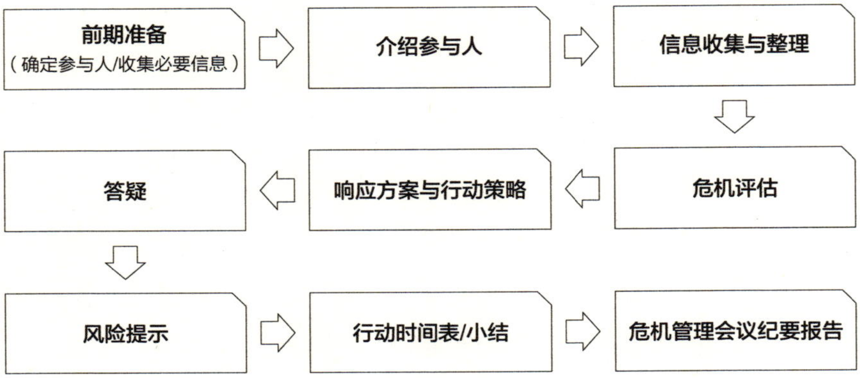

危机管理会议流程图

前期准备。会议开始前，会议发起人应与项目经理共同确认会议参与人名单、会议方式（面对面或远程会议的方式均可）、时间等细节问题。并尽可能地提前收集危机事件相关信息。

信息收集清单包括：事件经过、当事人的详细信息、知情人、受影响人、已采取的行动、组织的危机响应流程与预案、初步的响应计划、危机响应团队成员预设、内外部资源、待解决的专业问题等。

结构化提问。危机管理顾问通过结构化提问能够很好地控制危机管理会议的节奏，并给会议参与者传递稳定感和安全感。这要求提问者在会议前就对于议题有框架式的思考，并列出需要收集的信息和问题清单。根据危机管理会议目标和危机情境的不同，具体的问题会有差异，但其结构化特征是一致的。所谓结构化特征，强调关联性、框架性、递进性。

例如，在事件信息收集阶段的结构化提问可以使用以下问题清单：

“我想请各位介绍一下自己的职务，以及你们与这次事件的关系。”（明确与会者的职责角色、相互关系，收集事件信息。）

“谁能说一下事件的完整经过，然后再请其他人补充。”（收集、梳理事件信息，包括时间、地点、当事人、事件发生经过和关键细节、事后处置、受影响人等。）

“我复述一下前面的信息，大家看看我是否理解完整了。”（信息确认。）

结构化提问练习 ▼

借用X顾问的案例，如果X顾问与企业的HR先召开一次危机管理会议，并在会议中提出结构化的问题，澄清“企业到底发生了什么？他们到底有什么样的需求？”，然后再思考现在为企业提供什么样的心理支持更适合，或许就可以避免后面团辅的失败。

那么，请你试着帮X顾问设计一份结构化提问的清单吧。

会议纪要。危机管理会议的纪要不仅是梳理会议过程，整合信息与资源，明确评估、风险提示与行动建议，也是为危机响应的行动留下文案资料，成为组织规范危机管理体系的一部分。

不同的危机情境下危机管理会议的内容和目标会有差异，其会议纪要的形式也会不同，下面以企业中的个人风险事件管理会议纪要模板为例，供参考。

（组织/项目名称）危机管理会议纪要

背景资料：

包含：需求提出方、接到需求的日期、接案方、简要事件背景描述、主述事件风险描述、会议目标等

例如，2019年1月23日，安赞咨询客户经理沙沙接到KA公司工会同事的风险管理会议需求。

去年11月，××分公司员工李某以劳动合同未续签为由向公司发

邮件主张权益，公司按规定与流程对其诉求进行了回应，在交涉过程中李某的诉求不断升级，最后提出巨额赔偿要求。……后，李某开始实施一系列“过激”行为，包括：……。在今年1月14日与内部调查员的沟通中，李某说如果公司不答应他的要求他就要到公司总部去跳楼，1月22日，在与工会同事的沟通中再次提到“要跳楼”。公司一直有专人与李某保持沟通，并成立了事件处理小组，已经采取一系列行动尽可能将事情影响减弱，但考虑到李某过激的言行表现，希望对其后续的行为及人身安全风险进行更为客观的评估，故邀请安赞顾问介入评估当事人心理状态及安全风险，给予相应建议。由北京顾问黄雯接案。

危机管理会议安排：

包含会议时间、会议方式、会议时长、与会人等。

资料收集与评估：

1. 当事人个人资料收集：

2. 评估：

当下建议：

中长期建议：

报告人：

报告日期：

案例后记

或许你还记得，前面的案例中我在和X顾问探讨那次危机团辅“搞砸”的原因时，提出了三个关键的问题。一开始时X顾问觉得很茫然，之后我们请负责这个危机项目的心理服务公司的客户经理一起来复盘事件的经过，重新收集和梳理了之前忽略的信息，以下是资料补充：

危机刚刚发生时，公司负责处理此事的HR和管理者并没有想到要给同事提供心理支持，而是希望事情能“顺其自然”地过去。几天后，他们发现少数同事还是表现出过度的悲伤，整个部门的氛围一直很压抑。猝死的管理者在公司内较有威望，他的一些下属和公司内的好友认为公司对事件的处理和给家属的赔偿方案不合理，认为该管理者为公司付出那么多就应该得到更多的补偿（不管公司是否有法律上的责任）。最让负责此事的HR和管理者担忧的是，开始有一些同事将那位管理者猝死的原因归为工作压力过大、而过于疲惫导致的隐性身体损害，更有极端者说公司挣的就是员工的“拼命钱”，并且这样的言论在相关部门扩散。为了不影响正常运营，公司马上要安排新的管理者接管这个部门，但被安排的管理者和该部门的同事都有很强的抵触情绪。这千头万绪的原因让负责此事的HR和管理者想起了心理团辅，希望通过一次心理团辅能让同事们“恢复理性”，变得“积极、有正能量”“服从安排”。于是，团辅的对象当然就是那些“不服从安排”“过于情绪化”“消极负面”的同事了。

获得补充的“内幕消息”后，X顾问再来看那三个问题时有了一些新的思考：

（1）公司这么着急地想让顾问过去做团辅的原因是什么？

这个问题其实涉及危机管理的两个关键信息：一是时机管理，为什么是现在做？二是期望管理，公司（HR/管理者）希望做完团辅之后达到什么样的效果？

很显然，公司希望马上进行危机团辅是出于对情境失控的焦虑和管理的急迫需要，但员工当时的状态是不是适合进行团辅，需要基于对员工应激状态的初步评估，心理顾问需要与公司一起完成这项工作，并对那些不适合进行团辅的情境/时机和团辅可能引发的风险进行提示。

从效果期望来看，公司对危机团辅存在一些误解，这就不难理解为什么会有HR和管理者想要“围观”团辅了。这时心理顾问的工作重点并不是向HR科普什么是危机团辅，或者愤怒地告诉他们团辅不是“洗脑工具”，或者站在专家的角度告诉他们团辅应该怎么做；而是要认可他们对“风险”的敏感，从对团辅效果的期望反向思考他们面临的困境，澄清他们真正要解决的问题和可能的心理干预策略，当然也需要提示相关的风险。

（2）猝死事件发生后公司整体的应激反应情况是怎样的？

回答了这个问题，相当于完成了危机响应评估中最基础的信息收集，包括：突发事件在公司不同层面和场景中造成了何种影响？不同人群的应激表现是怎样的？公司对这些影响是如何做出反应的（态度和行动）？公司之前的行动产生了何种效果？……这些信息是用于决定在何时、采用何种危机干预策略的重要依据。

即使后期补充了信息，也已经无法还原事件发生后公司内不同群体的反应了，但可以看到公司前期的响应行动受了“正常化偏误”和“不作为偏误”的影响，并没有在危机发生后采取积极的响应行动，希望“一切如常”，觉得“多一事不如少一事”，直到发现有同事的反应“过激”，甚至整个部门都产生了对立情绪，“谣言”已经开始流传，才意识到事情的严重性，但这时已经错过了最佳的干预时机。当组织中小道消息满天飞，出现情绪对立、非暴力不合作的行为及对抗行为时，可能意味着某些因突发事件而产生的强烈情绪和感受，因为被忽视，未得到处理或没有正常的渠道流动，而出现了创伤转移。

（3）参加辅导小组的成员是如何确定的？

团辅小组成员的确定需要考虑：他们与去世管理者的身份关系和情感关系是怎样的？他们目前的应激反应是怎样的？他们对猝死事件有怎样的认知？他们对团辅本身有怎样的认知？

当小组成员认为团辅是公司“控制”、“套路”他们的工具，心理顾问是公司的说客时，团辅就失去了最基本的中立性和支持性功能，反而可能成为对立情绪的引爆场。要在短时间内应对这些复杂和强烈的情绪动力，对于任何心理顾问和小组成员来说都是极大的挑战，可以说这挑战的不是顾问的技术，而是所有人的运气。

危机团辅之所以是一件专业的事情，并不只体现在团辅进行的两个小时，还体现在从危机发生后对整体状况的评估，到危机干预策略的选择，再到危机团辅时机和小组成员的确定，都是一个规范、专业的过程。在危机中，我们需要运气，更需要规范稳定的节奏恢复我们的安全感，从安全感中获得走出危机的信心。

第二部分

危机工作者必知的精神疾病知识

下面将讲述的是一个和精神疾病有关的案例，所以在我们开始分析这个案例之前，需要先了解一些与精神疾病有关的基础知识。

一、精神疾病是常见病吗

2019年2月，北京大学第六医院的黄悦勤教授等在核心期刊《柳叶刀·精神病学》上发表研究文章，公布了中国精神卫生调查（China Mental Health Survey，CMHS）的患病率数据。CMHS覆盖了中国除港澳台地区的31个省、自治区、直辖市，有32552人完成了调查。结果显示，六大类精神障碍（心境障碍、焦虑障碍、酒精/药物使用障碍、精神分裂症及相关精神病性障碍、进食障碍、冲动控制障碍）的加权终生患病率为16.6%。物质使用障碍、冲动控制障碍、精神分裂症及其他精神病性障碍的患病率，18—34岁为各年龄段中最高。女性心境障碍的患病率高于男性，男性物质使用障碍及冲动控制障碍的患病率高于女性。

这里需要解释一下终生患病率为16.6%是什么意思。这就是说在参与调查的每6个人里就有一个人在他的人生中，曾经或正在遭受精神疾病的折磨，而不是说得了精神疾病就治不好了。有读者可能会觉得16.6%这个比例听起来太高了，好像我们日常的工作生活中并不会见到这么多的“精神病”，这种感觉和调查数据之间的差异可能来自三个方面：一是大众对精神病的认知相对狭隘，很多人觉得精神病人就是那些“语无伦次，思维混乱，行为怪异”的人，但这其实只是类似“精神分裂症及相关精神病性障碍”中的部分症状，“精神分裂症及相关精神病性障碍”的终生患病率是六大类精神障碍中较低的，只有0.7%，而单是心境障碍中的“抑郁症”终生患病率就达到3.4%，物质使用障碍中的“酒精滥用”终生患病率为3.1%，焦虑障碍中的“特定恐怖”和“强迫症”终生患病率分别为2.6%

和2.4%。并且，在过去的30年中，我国大部分精神障碍的患病率都是在增长的。二是受病耻感的影响，很多人讳疾忌医，不到万不得已就不去医院，即使确诊了也会向身边的人隐瞒病情。三是确实有一部分精神障碍会影响病人的社会功能，或存在社交退缩的表现，使得一部分病人无法加入或渐渐退出社会生活的情境。这些都造成了一种“大家都没病”的错觉，随着心理科普力度的加大，也可能会出现“大家都有病”的误解，但逐渐地我们开始了解：精神疾病就像感冒、骨折、糖尿病、癌症等生理病痛一样，是每个人在一生当中都有可能会经历的“生老病死”的一部分，在人群当中总有一定比例的人正在受到精神疾病的困扰。而对于组织来说，帮助和支持身患精神疾病的组织成员，关心组织成员的心理健康，是无法回避的责任和义务。

二、如何从危机管理视角看常见精神疾病

学习精神疾病的相关知识并不是为了“诊断”或者“治疗”，那是医生的工作。作为危机工作者，我们更需要思考的是，精神疾病对人有怎样的影响？这些对个人的影响在组织中又是如何呈现的？当组织中有成员患病时，组织可以给予成员怎样的支持，又要为可能发生的风险做哪些准备？

精神疾病作为疾病的一种，会同时对人的身体和精神造成损害，因此人在患病后会出现一些身体、精神、行为上的症状，这些症状除给当事人带来痛苦外，还会或多或少地影响其社会功能。在工作情境中常常伴随着一些现实问题：工作效能问题，人际关系问题，岗位（对身体或精神状态有特殊要求的）胜任问题，生产安全问题，法律问题，等等。这些由身心症状引发的问题并不是必然发生的，当我们对不同的精神疾病有足够的认识后，很多问题的发生是可以避免的，即使发生了也可以妥善处理。但精神疾病的特殊之处在于，除了要考虑疾病本身的症状性

影响，“病耻感”还会使得问题复杂化。

病耻感分为公众病耻感和自我病耻感。公众病耻感是指大多数社会群体对特殊患病群体持有的刻板印象，以及由此产生的行为反应；而自我病耻感是公众病耻感内化所导致的患者感觉丧失自尊、恐惧、羞愧、自责等负性情绪体验。通俗地讲，当企业里一个员工骨折了或者得了糖尿病时，大家都觉得这是正常的，企业也并不会觉得这有什么问题，而当一个员工得了精神分裂症或抑郁症时，很多企业就会觉得这是一个问题，这个员工周围的同事也感到莫名的害怕和担忧，有些人甚至会回避和排斥他，甚至因此不公平地对待他，这就是所谓的“公众病耻感”。如果连患病员工自己都觉得生病是件“见不得人”的事，不敢让企业和同事知道自己生病的事情，并因此自卑自责、讳疾忌医，延误了治疗，甚至自我攻击、自伤自杀，这就是“自我病耻感”。高士元、费立鹏等人曾在北京做过一项关于精神分裂症病人及其家属受歧视状况的研究，结果显示：有42%的病人报告他们受到了单位的不公正对待，受到同事歧视；56%的家属报告他们为避免歧视把病人患精神病的事对外保密；85%以上的人相信歧视会降低病人的自信心；75%以上的人相信歧视会给家属造成很大的心理压力。

认知行为理论认为，病耻感是一个过程，从对患病群体的刻板印象发展为偏见，由偏见导致歧视，歧视又引发不公平的对待。对于组织来说，病耻感的风险在于：一方面，它会非常隐性地夸大组织成员对疾病的负性感知，从而影响组织相关决策的公平性，甚至形成一种回避、歧视的人际隔离氛围，患病成员本身的易感性，也会加重他们的被孤立感和不公平感，这往往是引发敌对、纠纷、冲突的主要原因之一。另一方面，患病成员的自我病耻感也会影响其治疗行为和康复效果，增加隐匿行为和危险行为的概率，而组织成员的个人风险，最终会转化为组织风险，隐匿行为又使得这些风险始终在暗处滋长，直到最后危机事件爆发时才被发现。在那之前，我们本可以做很多事情来避免悲剧发生。

因为长期以来对于精神疾病缺乏足够的认知，所以当人们听到精神疾病时，就会联想到病人行为的“不可预测性”而产生失控感和恐惧情绪，尽管真相是只有很少数的精神疾病会严重影响病人的“自知力”或行为控制，大部分的精神疾病患者都能够带病正常生活和工作，但由于那些社会和历史性的原因，使得人们对于精神疾病的病耻感几乎成了一种本能，要与本能的病耻感对抗是困难的。最有效的办法就是增加对精神疾病的了解，从知识的层面去学习，从与病人的接触中去感受。

有几类在组织中较为常见或在危机管理中较为典型的精神疾病：抑郁症、双相障碍、精神分裂症、创伤后应激障碍、延长哀伤障碍（prolonged grief disorder，简称PGD）、人格障碍。需要危机工作者对相关疾病知识有基本的认知，包括疾病的症状、发病率、风险性特征等。以下关于症状部分的内容，大多引用自世界卫生组织发布的《国际疾病分类》第11版（ICD–11）和美国精神医学学会编著的《精神障碍诊断与统计手册》第5版（DSM–5）。风险性特征的描述则来源于危机管理工作中的经验与相关文献。

三、为什么说有三种“抑郁”

当我们谈论抑郁时，其实涉及三种不同的“抑郁”：一是作为流行语的抑郁，二是心理学上的抑郁，三是医学上的抑郁（抑郁症）。

近年来，随着心理健康意识的普及，抑郁这个词变得流行起来，甚至成为一些人的口头禅，这时的“抑郁”和“郁闷”“丧”“憋屈”“烦躁”一样，都是形容和描述让人不舒适的身心状态。新闻中时常出现名人身患抑郁症的报道，本意可能是为了普及抑郁症的相关知识，但也使得“抑郁”

这个词在某些时候附加上了身份标签的功能，成为“名人病”“文艺病”。

抑郁在心理学中是指一种以情绪低落、活力缺失为主的复合情绪，心理学家认为抑郁是一种具有功能性的情绪，抑郁能让个体的节奏放慢，减少可能造成消耗和危险的社会互动，对自身进行反思，悲观的预期也使得个体更容易做出规避风险的决策，并增加向他人求助的可能，较轻度的抑郁还能够提升社会推理和思维任务的表现。显然，抑郁情绪是每个人都会有的正常的情绪反应，抑郁情绪发生的诱因既可以是生理性的，也可以是现实的。

通常我们在科普时所谈论的“抑郁症”，指的是抑郁障碍中的“重性抑郁障碍”，这是一种涉及情感、认知和自主神经功能的明显变化的身心疾病，除此之外，在DSM-5中抑郁障碍还包括了“破坏性心境失调障碍”“恶劣心境”“经前期烦躁障碍”等。你并不需要去鉴别诊断是哪种医学上的抑郁障碍，但至少当一个人和你说“我抑郁了”或“我的同事有点抑郁”时，你需要去澄清他所说的“抑郁”到底指的是什么。

根据DSM-5的标准，抑郁症包括三个典型症状：情绪情感低落、思维迟缓和意志活动减退，简称“三低”。具体来说，如果我们在两周内频繁（几乎每天）出现以下大部分的症状，那么可能就不是普通的情绪问题，需要到医院进行排查。

感知觉上：感官变得迟钝（如觉得色彩不鲜艳了，吃什么都不香了）或异常敏感（如听到电话铃声就特别紧张），觉得脑子变慢了，反应变慢了，注意力难以集中。

情绪情感上：感觉情绪低落，总是觉得开心不起来，对什么都没有兴趣，有空虚感，莫名地悲伤，容易被激惹，对情绪失去控制，有绝望感。

身体上：没做什么体力活却觉得疲惫，没有活力，有乏力感，体重明显减轻或增加，非病理性疼痛感，就是觉得难受但说不出哪里不舒服。

行为上：睡眠障碍（早醒、睡眠质量差、睡得过多或过少，甚至整夜无法入睡），食欲改变（吃得太多或太少，吸烟或饮酒量增加），坐立不安、走来走去或呆坐不语、行动缓慢，回避社交，泪点变低了（常常莫名地就哭起来），进行自杀准备或尝试自杀。

思维上：常常出现“我太无能了”“都是我的错”“还不如死了好”“我只会给别人造成麻烦”“事情不可能好起来了”等悲观、绝望、自责的极端想法和逻辑，出现自杀的念头、企图，甚至开始自杀计划。

患病率：美国重性抑郁障碍的12个月患病率为7%，1—29岁个体的患病率比60岁以上个体的患病率高3倍。

CMHS的调查结果显示，中国心境障碍（包括抑郁症状和双相障碍等）的12个月患病率为4.1%，终生患病率为7.4%，其中重性抑郁障碍的终生患病率为3.4%。

产后抑郁并非DSM-5的诊断条目，但有50%—80%的女性在孩子出生后会经历一段“baby blues”（产后抑郁），其中有10%—15%会比较严重，当出现典型的抑郁症状时就可能被诊断为抑郁症。

风险性特征：自杀企图与自杀行为。约15%的抑郁症病人自杀死亡。增加自杀风险的特征包括：男性、独身或独居、明显的无望感。

四、关于抑郁症的一些问题

1 怎么才能知道自己是不是真的得了抑郁症呢？

只有一个办法：看医生。首选是到正规的精神专科医院，或者到综合医院看精神科或者心理科。就像是骨折了就应该去医院看骨科，而不是看皮肤科或者在家里等着骨头自己长好（很大概率会长坏或长废了）一样。

❷ 看完医生，医生在诊断书上写的“抑郁状态”是什么意思？

如果你是第一次到医院，医生判断你有抑郁的症状，通常都会在病历上写“抑郁状态”，有时后面还会打个“？”。这是因为抑郁症的诊断不能只凭一次面诊就完全确定，医生需要了解你一段时间的状态，再配合其他的检查指标和信息，才能最终确诊。但这并不影响你马上开始治疗。

❸ 身边有同事得了抑郁症，要如何与他相处？

这是一个特别常见又很难简单回答的问题，因为不同的组织性质、文化、环境不一样，抑郁症患者的个体差异也很大，组织成员（同事）间的关系模式也千差万别，这里只能按通常的情况给出几个建议供参考，简单来说就是“四要四不要”。

“四要”：一要支持他就医并遵医嘱，治疗和用药的问题要与专业人士讨论，而不应道听途说，认为药物治疗副作用大，更不要赞同他随意停药的决定。二要及时肯定他和感谢他，当他靠自己的努力完成工作时，当他为你提供了帮助时，你及时真诚的反馈能提升他的自信心。三要相信他可以完成力所能及的工作，过分的照顾反而会打击他的自主性，你可以与他一起讨论完成工作可能会遇到的问题和解决方案，并表示你愿意配合他。四要注意识别自杀信号，防范自杀风险（具体内容详见本书第六部分关于自杀评估的内容）。

“四不要”：一不要回避他，抑郁症不会传染，请正常地与他接触。二不要勉强他，他有可能不愿参加团体活动或不愿与人多说话，强颜欢笑的应酬会让他觉得非常有消耗感。三不要激励他，“看开点你的病就好了”“你多笑笑就好了”之类的话对他来说是一种讽刺，“看不开”不是抑郁症的原因，而是抑郁症的一个症状。抑郁症和意志力也没什么关系。就像你不会对一个腿断了的人说“跑起来你的腿就好了”，你也不会对一个高血压的病人说“你努努力把血压降一降”。你“善意”的鼓励对他来说可能会成为压力和负担，他可能会因此更加自责和愧疚。四不要委屈自己，如果你在与他相处的过程中觉得困扰，无论是情绪情感上的还是工作上的，请立即启动你的“支持系统”，与领导讨论同事患病期间工作分配与安排的问题，与朋友、家人或者心理咨询师讨论你在与他相处过程中的界限问题。

4 员工有抑郁症是不是让他回家休假更好？

不一定。抑郁症对患者工作效能的影响是有个体差异的，医生建议休假或住院的，应该遵医嘱。另外，也需要考虑其从事的岗位性质，以及员工本人的意愿。如果工作本身具有一定的危险性，就需要评估员工目前的注意力和反应速度是否能够满足工作安全性的要求。员工在康复过程中从事其力所能及的工作，能从工作中获得成就感，对其恢复自主性和自信心有益。

重性抑郁障碍的DSM–5诊断标准 ▼

A. 在同一个2周时期内，出现5个以上的下列症状，表现出与先前功能相比不同的变化，其中至少1项是心境抑郁或者丧失兴趣或愉悦感。

注：不包括那些能够明确归因于其他躯体疾病的症状。

1. 几乎每天大部分时间都心境抑郁，既可以是主观的报告（例如，感到悲伤、空虚、无望），也可以是他人的观察（例如，表现为流泪）（注：儿童和青少年可能表现为心境易激惹）。

2. 几乎每天或每天的大部分时间，对于所有或几乎所有活动的兴趣或乐趣都明显减少（既可以是主观体验，也可以是观察所见）。

3. 在未节食的情况下体重明显减轻，或体重增加（例如，一个月内体重变化超过原体重的5%），或几乎每天食欲都减退或增加（注：儿童则可表现为应增体重未达标）。

4. 几乎每天都失眠或睡眠过多。

5. 几乎每天都精神运动性激越或迟滞（由他人观察所见，而不仅仅是主观体验到的坐立不安或迟钝）。

6. 几乎每天都疲劳或精力不足。

7. 几乎每天都感到自己毫无价值，或过分地、不适当地感到内疚（可以达到妄想的程度），（并不仅仅是因为患病而自责或内疚）。

8. 几乎每天都存在思考或注意力集中的能力减退或犹豫不决（既可以是主观的体验，也可以是他人的观察）。

9. 反复出现死亡的想法（而不仅仅是恐惧死亡），反复出现没有特定计划的自杀意念，或有某种自杀企图，或有某种实施自杀的特定计划。

B. 这些症状引起有临床意义的痛苦，或导致社交、职业或其他重要功能方面的损害。

C. 这些症状不能归因于某种物质的生理效应，或其他躯体疾病。

注：诊断标准A—C构成了重性抑郁发作。

注：对于重大丧失（例如，丧痛、经济破产、自然灾害的损失、严重的躯体疾病或伤残）的反应，可能包括诊断标准A所列出的症状：如强烈的悲伤、沉浸于丧失、失眠、食欲缺乏和体重减轻，这些症状可以类似抑郁发作。尽管此类症状对于丧失来说是可以理解的或反应恰当的，但除了对于重大丧失的正常反应之外，也应该仔细考虑是否还有重性抑郁发作的可能。这个决定必须要基于个人史和在丧失的背景下表达痛苦

的文化常模来做出临床判断。

D. 这种重性抑郁发作的出现不能用分裂情感性障碍、精神分裂症、精神分裂症样障碍、妄想障碍或其他特定的或未特定的精神分裂症谱系及其他精神病性障碍来更好地解释。

E. 从无躁狂发作或轻躁狂发作。

注：若所有躁狂样或轻躁狂样发作都是由物质滥用所致的，或归因于其他躯体疾病的生理效应，则此排除条款不适用。

五、双相障碍是天才病？

在ICD-11中，双相障碍和抑郁障碍都是心境障碍类目下的亚组，而在DSM-5中，双相及相关障碍与抑郁障碍为独立的两章。在实际的危机工作中，双相障碍的知识普及率更低，患者既有躁狂或轻躁狂发作，又有抑郁发作，部分患者在两次发作之间有较长的稳定期，即使在精神科临床上要做出准确的诊断也并不容易。因此，在组织情境中引发的现实问题也会比单相的抑郁障碍更为复杂。现在我们先着重了解一下躁狂发作的症状。之前说到抑郁症的三个典型症状：情感低落、思维迟缓和意志活动减退，简称为“三低”。与之相反，躁狂发作时的三个典型症状被称为“三高”，包括情感高涨、思维奔逸、意志活动增强。比如，患者会感到莫名的欣快感，自尊心膨胀，自我感觉过于良好，自视甚高，觉得自己脑子转得快，甚至说话的速度赶不上脑子的速度，注意力容易被无关的事物吸引转移，有与人持续交谈或频繁参与社交活动的冲动和行动，睡眠减少却感到精力旺盛，有些人只睡了两三个小时却觉得已经休息好了，甚至可以连续几天整夜不眠。接触时，常常能观察到其打扮、言行浮夸，如衣着与日常相比过分华丽，好高谈阔论、指挥他人，表情、语言或肢体动作丰富，有感染力，特别是在轻躁狂发作时，这些症状没有严重到足以导致显著的社交或职业功能的损害，反而可能在某些需要个体表现出高度活力和感染力的职业中提升个体的职业表现。但病程发展到躁狂发作时，通常就已经严重到足以导致显著的社交或职业功能的损害，或必须住院以防止伤害自己或他人，或存在幻觉、妄想等精神病性症状了。

患病率：双相障碍是一种常见的精神障碍，国外流行病学调查显示，双相障碍患病率为1%—3%。

风险性特征：高自杀风险，约1/3的患者报告有自杀企图，有接近20%的患者死于自杀，终生自杀风险为普通人群的15倍，在所有自杀死亡中，双相障碍占到1/4。

躁狂发作时，可能因心境紊乱而作出冲动决策与行动（例如，轻率的性行为、无节制的购物、冒险的商业投资等），易激惹，甚至做出伤害自己或他人的行为。

在心境高涨或易激惹并伴有活力或精力增加的背景下，个体行为存在冲动性特质或冲动控制受损。攻击行为的个体发生比率略微升高。

虽然有研究认为双相障碍对认知功能的损害会影响患者的职业功能，但也有完全相反的个例显示，双相障碍患者在艺术、文学、学术、政治等领域取得了超凡的成就。《天才向左，疯子向右》中提到美国作家海明威、英国作家伍尔芙、荷兰画家凡·高、英国诗人拜伦、德国作曲家舒曼，以及一些知名的政治家和科学家，都是已经被确诊或可能被确认的双相障碍患者。而该书的作者凯·雷德菲尔德·杰米森既是研究双相障碍的权威专家，也是一名双相障碍患者。这些个例的存在，不禁让人联想到双相障碍与创造力之间复杂而微妙的关系，双相障碍也因此被有些人称为“天才病”。

此外，高复发率使得双相障碍可能成为一种严重的慢性疾病。

六、精神分裂症与“三不”原则

“没有任何精神障碍比精神分裂症更多地笼罩在神秘、误解和恐惧中”，很多对于精神疾病的污名化认知都与精神分裂症谱系的疾病有关，一些靠猎奇心理和恐惧情绪进行流量驱动的媒体，热衷于对与精神分裂症有关的怪异言行或攻击事件的个例进行选择性报道，使得本来并不常见的行为和事件，在受众中产生“放大效应”。事实上，那些接受正式治疗的精神分裂症患者，在绝大多数时候与正常人的言行表现并无明显差异。同时，与伤害他人相比，精神分裂症的患者有更多的可能是伤害自己或成为被伤害的对象。因为疾病而引发的认知能力损害，还可能使得精神分裂症患者对自身疾病的觉察力变弱，他们并不知道自己生病了或言行变得异常，更不知道自己需要就医，这种状况在医学上被称为自知力受损，是造成他们主动就医的意愿不足的主要原因。精神分裂症的患者多数时候由家属或监护人或公安机关送医，很多患者因延迟送医而错过早期治疗的机会。而组织只有在组织成员发生或可能发生伤害自己或他人的行为时才有制止和送医的权利和义务，因此对于组织来说，当发现组织成员有异常言行表现并存在自伤或伤人风险时，需要及时与其家属或监护人取得联系，履行告知义务，防范可能发生的风险，支持家属并鼓励就医。当损害正在发生时应立即报警。

精神分裂症的症状表现非常复杂，个体表现差异性很大，但有三个关键症状能帮助我们进行识别。

妄想：是指固定不变的信念，哪怕存在与其信念相冲突的证据。常见的有被害妄想、关系妄想，还有夸大妄想、钟情妄想和虚无妄想。妄想通常是古怪的，明显不真实或不能被相同文化中的个体理解，也并非来源于日常生活经验。

例如，有位年轻老师刚到学校三个月，坚信同事A与国外间谍组织串通要设计陷害自己，并且同事A从入校开始就在对他进行跟踪监视，甚至能够使用读心术监控他的想法。但事实上同事A几乎不认识他，只是出于礼貌与他打过一次招呼。

又如，员工B不停地找领导闹，要求调换部门和岗位，一年里换了七八个部门还是闹，理由是她认为所有部门的同事都针对她，她每到一个新部门，看到同事们在聊天就认为是在议论她，同事咳嗽、喝水甚至换了个新发型都是在针对她、讽刺她。

幻觉：幻觉是当没有实际的外部刺激存在时，类似感觉的体验。这种感觉清晰又生动，具备正常感觉所有的因素，不受自主控制，以幻听最为常见。

例如，有些患者会听到有人命令他去死，或者听到有声音在侮骂自己；有些患者会看到不存在的人或物；有些患者会闻到异常的气味，或尝到异常的味道；还有些患者会说自己的身体里有着火的感觉，或有虫子在身体里面爬。

有些患者以妄想症状为主，更多时候幻觉和妄想常常共同出现。如上面例子中的员工B，不仅认为所有人都针对她，还“听到”有声音骂她是“骚货”，并让她从楼上跳下去，但她并不知道声音的来源，也不能让声音停止。

思维（言语）紊乱：通常从个体的言语中推断出来，包括我们常说的答非所问、思维脱轨、语无伦次。

其他症状还包括明显紊乱或异常的运动行为、阴性症状（情绪表达减少或动力缺乏、意志活动减退等）。例如，有些患者会无理由地做出一些怪异的行为，或总是面无表情地呆坐一旁，或表现得特别“懒”，甚至不洗澡、不洗脸刷牙、不换衣服。

接触注意：在与疑似出现幻觉妄想症状的当事人接触时，需要注意“三不”原则，即“不解释、不争辩、不激惹”。

因为妄想内容通常具有一定的荒谬性或逻辑漏洞，会使得接触者不自觉地想要告知或说服对方其想法存在问题，甚至与其进行辩论。但病态的妄想症状并不会因你所呈现的事实和证据而消除，辩论反而可能使患者对于妄想内容更加坚信不疑。如上面案例中的员工B，领导和相关工作人员花了大量的时间和她解释并没有人议论她，甚至与她争论：“别人喝水咳嗽都是很正常的事，怎么可能是针对你呢？！”这样非但没有改变员工B认为部门同事针对她的想法，反而使得员工B认为领导和相关工作人员也是在针对她，在之后的接触和谈话中变得更加对立和警觉。而在与有疑似妄想和幻觉症状的组织成员接触时，轻率地使用所谓的激将法，或者表现得过于强硬，都是极其不明智和极具风险性的行为策略。

患病率：根据CMHS的调查结果，精神分裂症的终生患病率为0.6%，18—34岁的患病率为各年龄段中最高，并且患病率随年龄增加而降低，农村患病率显著高于城市。

风险性特征：自杀风险，5%—6%的患者死于自杀，约20%的患者有一次以上的自杀企图。

在发生妄想或幻觉的背景下，攻击行为的个体发生比率略微升高。

当个体产生内容为“伤害自己或他人”的命令式幻觉时，自杀行为和攻击行为风险升高。

约85%的患者出现认知功能障碍，如信息处理和选择性注意、工作记忆、短时记忆和学习、执行功能等方面的认知缺陷。受认知功能损害影响，带来显著的社会和职业功能失调。

虽然有20%的患者预后较好，少数人甚至可以完全康复，但大部分患者需要正式或非正式的日常生活支持，变成慢性病的不在少数。

七、什么人容易得创伤后应激障碍

作为危机工作者，了解与危机有关的创伤与应激相关障碍是必须的，其中创伤后应激障碍在此类精神障碍中相对常见。创伤后应激障碍，是一种由暴露于重大创伤性事件或情境而导致的延迟出现并长期存在的精神障碍。这里的“暴露”包括：亲历或目睹创伤事件，听说亲密关系人的创伤事件，反复接触或卷入式接触创伤事件中高感官刺激的细节。也就是说，除了创伤事件的当事人、目击者和近亲属之外，救援者和危机工作者本身也是创伤后应激障碍的“易感人群”。危机工作者也需要知道，并不是只有地震、海啸等灾难性的事件才会导致创伤后应激障碍，只要是涉及“死亡、严重创伤、性侵”的事件，都有发生PTSD的可能。

与创伤后应激障碍症状相似，但症状持续不到一个月的，在DSM–5中被称为急性应激障碍，而在最近的ICD–11中，急性应激反应已经不再被认为是一种精神障碍，而是被归类于“列出原因的非疾病或非障碍性临床状况部分”。这或许也意味着，专业领域逐渐确认在刚经历创伤性事件后的“急性应激反应”的正常性。而危机工作者的工作之一，就是要帮助经历创伤事件的当事人识别哪些反应是正常的，哪些反应是需要帮助或治疗的。

创伤后应激障碍的临床特征包括：存在与创伤性事件有关的持续侵入症状（如对事件的侵入性回忆、令人痛苦的梦境、闪回、对接触让人联想到的事件的线索感到痛苦），回避与事件有关的刺激，与事件有关的认知和心境的改变（如对自己和世界的负性信念，歪曲地责备自己或他人，疏远的感觉，持续的消极状态，不能体验正性情感），以及反应性和警觉性的明显改变。

例如，从事救援工作的小A，在参与一次重大爆炸事件的救援后，脑海中总是不受控制且痛苦地闪现救援时那些惨烈的画面、细节，不断回忆在救援工作中因现场再次爆燃而牺牲的同事小B的音容笑貌和双方的共同经历。晚上常常做噩梦并惊醒，有时听到一些稍大的声音就以为是发生了爆燃，吓得身体发抖甚至本能地抱住头，这样的状况持续了好几周都没有缓解。

上面小A的情况按DSM–5的标准，需要相关症状持续一个月才可确诊，而ICD–11的诊断则更为灵活，只要症状持续几周就可确诊。

患病率：在经历有生命威胁的事件后大约有10%的个体最终将患诸如创伤后应激障碍之类的精神障碍。

女性比男性更易患创伤后应激障碍，女性患病率约为男性的2倍甚至更高。

接触创伤风险较高的职业患病率较高，如军人、警察、消防队员、急救医务人员。

最高的患病率（1/3到半数以上）出现在性侵、战争、拘禁幸存者中。

风险性特征：自杀观念与自杀企图，高医疗使用率，工作、社交和躯体功能受损。

创伤后应激障碍DSM–5诊断标准 ▼

注：下述诊断标准适用于成人、青少年和6岁以上儿童。对于6岁及

以下儿童，参见下述相应的诊断标准。

A. 以下述1种（或多种）方式接触实际的或被威胁的死亡、严重的创伤或性暴力：

1. 直接经历创伤事件。

2. 目睹发生在他人身上的创伤事件。

3. 获悉亲密的家庭成员或亲密的朋友身上发生了创伤事件，在实际的或被威胁死亡的案例中，创伤事件必须是暴力的或事故。

4. 反复经历或极端接触于创伤事件的令人作呕的细节中（例如，急救员收集人体遗骸、警察反复接触虐待儿童的细节）。

注：诊断标准A4不适用于通过电子媒体、电视、电影或图片的接触，除非此接触与工作相关。

B. 在创伤事件发生后，存在以下1个（或多个）与创伤事件有关的侵入性症状：

1. 创伤事件反复的、非自愿的和侵入性的痛苦记忆。

注：6岁以上儿童，可能通过反复玩与创伤事件有关的主题或某方面内容来表达。

2. 反复做内容和/或情感与创伤事件相关的痛苦的梦。

注：儿童可能做可怕但不认识内容的梦。

3. 分离性反应（例如闪回），个体的感觉或举动好像创伤事件重复出现（这种反应可能连续出现，最极端的表现是对目前的环境完全丧失意识）。

注：儿童可能在游戏中重演特定的创伤。

4. 接触于象征或类似创伤事件某方面的内在或外在线索时，产生强烈或持久的心理痛苦。

5. 对象征或类似创伤事件某方面的内在或外在线索，产生显著的生理反应。

C. 创伤事件后开始持续地回避与创伤事件有关的刺激，具有以下1项或2项情况：

1. 回避或尽量回避关于创伤事件或与其高度密切相关的痛苦记忆、思想或感觉。

2. 回避或尽量回避能够唤起关于创伤事件或与其高度相关的痛苦记忆、思想或感觉的外部提示（人、地点、对话、活动、物体、情景）。

D. 与创伤事件有关的认知和心境方面的负性改变，在创伤事件发生后开始或加重，具有以下2项（或更多）情况：

1. 无法记住创伤事件的某个重要方面（通常是由于分离性遗忘症，而不是诸如脑损伤、酒精、毒品等其他因素所致）。

2. 对自己、他人或世界持续性放大的负性信念和预期（例如，“我很坏”“没有人可以信任”“世界是绝对危险的”“我的整个神经系统永久性地毁坏了”）。

3. 由于对创伤事件的原因或结果持续性的认知歪曲，导致个体责备自己或他人。

4. 持续性的负性情绪状态（例如，害怕、恐惧、愤怒、内疚、羞愧）。

5. 显著地减少对重要活动的兴趣或参与。

6. 与他人脱离或疏远的感觉。

7. 持续地不能体验到正性情绪（例如，不能体验快乐、满足或爱的感觉）。

E. 与创伤事件有关的警觉或反应性有显著的改变，在创伤事件发生后开始或加重，具有以下2项（或更多）情况：

1. 激惹的行为和愤怒的爆发（在很少或没有挑衅的情况下），典型表现为对人或物体的言语或身体攻击。

2. 不计后果或自我毁灭的行为。

3. 过度警觉。

4. 过分的惊跳反应。

5. 注意力有问题。

6. 睡眠障碍（例如，难以入睡或难以保持睡眠，或休息不充分的睡眠）。

F. 这种障碍的持续时间（诊断标准B、C、D、E）超过1个月。

G. 这种障碍引起临床上明显的痛苦，或导致社交、职业或其他重要功能方面的损害。

H. 这种障碍不能归因于某种物质（例如，药物或酒精）的生理效益或其他躯体疾病。

6岁及以下儿童的创伤后应激障碍▼

A. 6岁及以下儿童，以下述1种（或多种）方式接触于实际的或被威胁的死亡、严重的创伤或性暴力：

1. 直接经历创伤事件。

2. 目睹发生在他人身上的创伤事件，特别是主要的照料者。

注：这些目睹的事件不适用于通过电子媒体、电视、电影或图片的接触。

3. 知道创伤事件发生在父母或照料者的身上。

B. 在创伤事件发生后，存在以下1个（或多个）与创伤事件有关的侵入性症状：

1. 创伤事件反复的、非自愿的和侵入性的痛苦记忆。

注：自发的和侵入性的记忆看起来不一定很痛苦，也可以在游戏中重演。

2. 反复做内容和（或）情感与创伤事件相关的痛苦的梦。

注：很可能无法确定可怕的内容与创伤事件相关。

3. 分离性反应（例如闪回），儿童的感觉或举动类似创伤事件重复出现（这种反应可能连续出现，最极端的表现是对目前的环境完全丧失意识），此类特定的创伤事件可能在游戏中重演。

4. 接触于象征或类似创伤事件某方面的内在或外在线索时，会产生强烈或持久的心理痛苦。

5. 对创伤事件的线索产生显著的生理反应。

C. 存在1个（或更多）代表持续地回避与创伤事件有关的刺激或与创伤事件有关的认知和心境方面的负性改变的下列症状，且在创伤事件发生后开始或加重：

持续地回避刺激

1. 回避或尽量回避能够唤起创伤事件回忆的活动、地点或物质的提示物。

2. 回避或尽量回避能够唤起创伤事件回忆的人、对话或人际关系的情况。

认知上的负性改变

3. 负性情绪状态的频率（例如，恐惧、内疚、悲痛、羞愧、困惑）显著增加。

4. 显著地减少对重要活动的兴趣和参与，包括减少玩耍。

5. 社交退缩行为。

6. 持续地减少正性情绪的表达。

D. 与创伤事件有关的警觉和反应性的改变，在创伤事件发生后开始或加重，具有以下2项（或更多）情况：

1. 激惹的行为和愤怒的爆发（很少或没有挑衅的情况下），典型表现为对人或物体的言语或身体攻击（包括大发雷霆）。

2. 过度警觉。

3. 过分的惊跳反应。

4. 注意力有问题。

5. 睡眠障碍（例如，难以入睡或难以保持睡眠，或休息不充分的睡眠）

E. 这种障碍的持续时间超过1个月。

F. 这种障碍引起临床上明显的痛苦，或导致与父母、同胞、同伴或其他照料者的关系或学校行为的损害。

G. 这种障碍不能归因于某种物质（例如，药物或酒精）的生理效应或其他躯体疾病。

八、哀伤也是一种病吗

哀伤是指失去所爱之人后的一系列反应，主要体现在情绪情感、认知、生理、行为等方面，因失去方式、与逝者的关系远近和当事者个体的特质不同，每个人的反应也会有所差异。典型的反应包括：感觉到极度悲伤、遗憾、愧疚与自责、愤怒、想念、无意义感、反复回忆或闯入性的回忆、注意力无法集中、记忆力下降、效能感下降、哭泣或强烈的压抑、疲乏无力感、失眠多梦、易激惹、回避或强迫行为等。在一段时间内这些反应即使表现得非常严重也可能是正常的，但如果随着时间的流逝，这些反应并没有逐渐减轻，甚至更加严重，以一种持续、长期且异常的方式出现时，将可能被诊断为“持续性复杂丧痛障碍”，该诊断标准收录在DSM-5的第三部分“需要进一步研究的状况”中，只能使用“其他特定的创伤及应激相关障碍”以标注的方式进行诊断，诊断症状包括：持续的渴望/思念逝者，强烈的悲伤和痛苦，沉湎于逝者或死亡时的情境，成人持续至少12个月，儿童持续至少6个月。

在ICD-11中，也增加了对延长哀伤障碍的诊断，其诊断要点为：（1）在配偶、父母亲、孩子或关系亲密的人去世后极度哀痛。（2）持续且广泛的哀伤反应，特征为渴望再见到已故者，持续地关注已故者并伴随强烈的痛苦情感。主要表现为悲伤、内疚、气愤、否认、责怪，难以接受死亡事实，感觉失去了自身的一部分，无法体验到积极的情绪，情感麻木，难以参与到社交或其他活动中去。（3）哀伤反应至少持续6个月（在一些特定的文化背景下可能会更长）才有可能被诊断为延长哀伤障碍。（4）这种障碍导致个体的人际关系、家庭、社会、教育、工作或其他重要方面的功能明显受损。只有通过很多额外的努力才可使功能得以保持。

我国对于失独父母的哀伤研究发现，失独父母极度痛苦持续时间平均值为43个月，中位数为24个月，只有不到40%的受访者极度痛苦持续时间在12个月以内。

患病率：为2.4%—4.8%。女性比男性更为常见。超过10%的丧亲者会从正常哀伤转变为病理性哀伤。

风险性特征：与丧失相关的怨恨与愤怒，低效能感与实际效能降低，严重躯体疾病风险增加，社交退缩，有害物质使用行为增加（如烟酒的过量使用），频繁的自杀念头。

自助评估工具：延长哀伤障碍问卷（PG-13）[①]，见表2-1。

表2-1 延长哀伤障碍问卷（PG-13）

第一部分：下列描述是人们在经历亲朋好友离世后可能出现的反应。回答没有好坏之分，请您根据自己的实际情况，选择在过去一个月里，与您最相符的描述，请在每一描述后圈出相应的数值。"他"指"你丧失的那位重要亲友"					
	从未如此	至少一次	至少每周一次	至少每天一次	每天几次
1. 我经常怀念并渴望见到他。	1	2	3	4	5
2. 我经常出现与失去他有关的强烈情感痛苦、悲痛及剧烈的哀伤。	1	2	3	4	5
3. 我经常试图回避提醒他离世的线索。	1	2	3	4	5
4. 我经常对这件事感到惊讶、震惊或难以相信。	1	2	3	4	5
第二部分：下列描述是您目前可能的感受，请回答这些描述在多大程度上符合您的实际情况。					
	不符合	有点符合	比较符合	非常符合	完全符合
5. 我对自己在生活中的角色感到困惑，或不知道自己是谁。	1	2	3	4	5
6. 我难以接受这件事。	1	2	3	4	5
7. 这件事发生后，我难以信任他人。	1	2	3	4	5
8. 我对这件事感到怨恨。	1	2	3	4	5
9. 对我来说，现在让生活继续前进（如结交新朋友、培养新兴趣）有些困难。	1	2	3	4	5
10. 这件事发生后，我觉得自己情感麻木了。	1	2	3	4	5
11. 这件事发生后，我觉得生活是不美满、空虚或毫无意义的。	1	2	3	4	5
第三部分：					
12. 距他离世6个月后，我仍然每天都出现问题1或2中的情况。				是	不是
13. 我在社交、职业及其他重要方面（如履行家庭责任）的能力明显下降了。				是	不是
诊断标准：①分离痛苦（条目1和2得分≥4分）；②认知、情绪和行为症状（条目3—11项中必须有至少5项得分≥4分）；③功能受损标准（条目13必须回答"是"）；④丧亲时间超过6个月，仍有以上症状（条目12选是）。					

① 问卷来源：哀伤疗愈家园（http://www.aishang61.com/pggj）。

九、人格是如何成为一种障碍的

人格简单来说就是一个人相对稳定的心理特征的总和，这种稳定性主要体现在个体的内心体验和行为模式上。人格使我们区别于其他人，成为一个独特的整合的个体。而人格障碍是指明显偏离了个体文化背景预期的内心体验和行为的持久模式，是泛化的和缺乏弹性的，起病于青少年或成年早期，随着时间的推移逐渐变得稳定，并导致个体的痛苦或损害。

认知流派认为，“从评估到情感和动机的觉醒，最终到相关策略的选择，我们将关于认知、情感、动机的基本图式结构作为人格的基本单元”。如果将人格比喻成一个计算机操作系统的话，这个操作系统主要运行两套程序，一套是解码程序，包括我们内在的信念、态度和动机等；另一套是输出程序，就是我们外显的行为和人际策略等。当外界给我们一个刺激时，我们就如同获得了一个信号，这时解码程序就要先来处理这个信号，大部分人在解码信号时会根据不同的情境启用不同的模式。比如，当我们觉得外界危机四伏、极度危险时，我们就需要对收到的信号进行严格审查以确保安全，这时就会启动“偏执模式”；当我们非常渴望获得认可和尊重时，我们就会启动收集赞美的“自恋模式”；当我们将追求极致完美作为目标时，关注细节的“强迫模式”就会启动。这些模式就像是我们在解码程序里预装的各种小程序，有些小程序是系统自带的（在进化过程中保留下来的/遗传/原生家庭等），有些小程序是后来安装的（社会化/学习/经历等）。每个人在选择启动模式时都带有一定的倾向性，但也可以根据现实情境灵活地使用。解码信号之后，大多数人会根据解码结果启动相应的行为策略程序，而行动之后产生的结果又会反过来影响我们对外界情境的判断，并且使我们不断地优化和迭代系统中的两套程序。

但因为各种原因（心理学不同流派的观点差异较大，在此不一一列举），有些人的解码程序比较僵化，甚至在所有情境下都使用一种解码模式。例如，不管客观环境是不是真的危险，对所有人和事都启用“偏执模式”，怀疑一切，事事警惕，认为“天上总是掉陷阱”“总有刁民想害朕”。在这种解码结果下启动的输出程序自然就是在行为上对人对事敏感多疑，时刻防备或不断试探。还有一些人是输出程序过于单一，例如，“遇到困难就躲，遇到荣誉也躲”“等时间来解决所有问题”“不听不看不语”的“回避模式”。当我们的两套程序以极端僵化、单一的方式运作时，我们就会在生活、工作、学习的各种情境中呈现出明显的不适应性，让周围的人、环境及我们自己感觉到痛苦，甚至发生损害，严重时会引发危机，这就是所谓的“人格障碍”。

危机工作者学习人格障碍的知识，绝不是为了诊断或贴标签，更不是为了“拯救”或治疗。要知道，即使在临床上，人格障碍的诊断率也非常低，国内的精神科医生对人格障碍治疗经验相当有限，即使做出人格障碍诊断，在治疗上也大都束手无策。相反地，对于人格障碍知识的学习，是要帮助我们接受并尊重人格的多样性和复杂性，能够用不同的视角去尝试理解那些“非理性行为”“非正常行为”“非适应行为”背后的内在操作系统是如何运作的；增加对风险行为和激惹因素的敏感性，当具有防御或攻击特征的“模式”被启动时，能够使用恰当的接触策略，减少危机发生的可能性。

表2-2中汇总了部分人格障碍内在的信念/态度、外显的行为与关系策略、相关积极特质与安全接触原则。

表2-2　人格障碍相关解码程序、输出程序、积极特质与安全接触原则

<table>
<tr><th>操作系统</th><th>解码程序（信念/态度等）</th><th>输出程序（行为策略/人际策略等）</th><th>积极特质</th><th>安全接触原则</th></tr>
<tr><td>依赖型</td><td>我是无助的</td><td>依附</td><td>忠诚，陪伴者</td><td rowspan="6">整体原则：
1.接受并尊重人格多样性和复杂性
2.不试图“拯救”或改变其稳定的人格
3.认可其人格中的积极特质，强化优势使用
4.不以指责、质问作为开场
5.站在利益共同体的位置谈论现实问题
6.避免标签化、诊断化言论，保护隐私
7.对自毁与攻击行为风险保持敏感性并做好预案</td></tr>
<tr><td>回避型</td><td>我可能受到伤害</td><td>回避</td><td>敏感，安静，专注</td></tr>
<tr><td>被动—攻击型</td><td>我可能被控制</td><td>固执、坚守</td><td>自足，反抗精神</td></tr>
<tr><td>自恋型</td><td>我是特殊的</td><td>放大自我、贬低、竞争</td><td>自信</td></tr>
<tr><td>表演型</td><td>我需要给他人留下印象</td><td>戏剧性</td><td>生动，有感染力，精力旺盛</td></tr>
<tr><td>强迫型</td><td>我不能犯错</td><td>力求完美、严苛、控制</td><td>负责，可靠，关注细节</td></tr>
<tr><td>偏执型</td><td>人们是危险的</td><td>警惕、提防、反击</td><td>机警，求生欲强，坚持</td><td>耐心、稳定、安全感、在督导和团队支持下工作</td></tr>
<tr><td>边缘型</td><td>我不能控制我自己</td><td>征服、抗议、惩罚、自毁</td><td>极致，敏锐，不顾一切</td><td>稳定、边界、保护、在督导和团队支持下工作</td></tr>
<tr><td>反社会型</td><td>人们应该被利用</td><td>攻击、掠夺、操控</td><td>无畏，有行动力</td><td>保护、边界、在督导和团队支持下工作</td></tr>
</table>

DSM–5部分人格障碍诊断定义▼

- **偏执型人格障碍**，是对他人普遍不信任和猜疑，比如把他人的动机解释为恶意的心理行为模式。
- **反社会型人格障碍**，是一种漠视或侵犯他人权利的普遍心理行为模式。
- **边缘型人格障碍**，是一种人际关系、自我形象和情感不稳定以及显著冲动的普遍心理行为模式。

患病率：虽然人格障碍在人群中的总体患病率高于5%，但精神科临床上对患者做出人格障碍诊断的比率远低于5%。

风险性特征：长期反复发生的攻击行为，以及冲动性行为，有可能作为反社会型人格障碍（未满18岁时为品行障碍）和边缘型人格障碍中一种行为模式而存在。

边缘型人格障碍发生自伤或自残行为的动机与降低烦躁、宣泄愤怒、降低麻木感受等有关。

十、心理问题产生原因及影响因素

这里的心理问题是泛指个体心理的非健康状态，包括心理亚健康状态、一般心理问题、严重心理问题、心理疾病或适应性问题等。在心理学和精神病学界，对于心理问题产生的原因和影响因素有相当多的研究，却并没有标准或统一的结论。有些学者将心理问题的发生原因简单地归结为“外因”和“内因”；也有些学者认为心理问题的发生不仅是由于“心理因素”的作用，与“社会因素”“生理因素”也有关。例如，一些生理疾病（甲状腺疾病、糖尿病）、脑损伤以及我们在生病时服用的药物（扑热息痛、抗组胺药、他汀类药物、哮喘药物、抗抑郁药、减肥药等）都会影响人的情绪及认知功能，甚至改变人的性格。在一些特殊的生命时期（青春期、哺乳期、更年期等），我们的心理状态也呈现出特殊性。社会文化、传统习俗、社会大环境与经济水平等对整体心理健康水平、应对方式和认知倾向都会有影响，既可以成为应激源，产生破坏性的影响，也是个体对抗应激的支持系统。

无论是突发的应激事件还是慢性的压力情境，都可能成为个体心理问题的诱因，但在同样的情境下，个体的心理健康状态存在明显的差异。从个体自身的视角看，遗传基因、早年经历、人际关系与社会支持、家庭成长环境、与养育者的关系、个性成熟度等都是影响个体心理健康状态的重要因素。

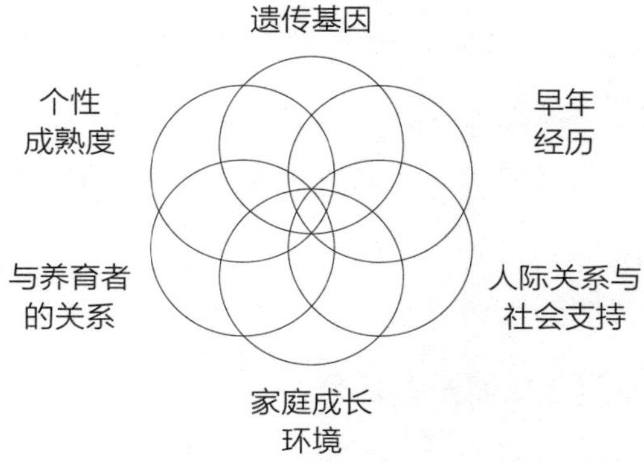

个体心理问题的影响因素

十一、非常态心理风险简易识别的“三个是否”

在一个组织中，承担非常态心理风险预警职责的通常不是专职的危机工作者，而是基层的管理者，他们大多不具备专业的心理学或医学知识，有些时候只是感到某位同事“有点不对劲”，或者觉得某位下属“有点不一样”，但当这些念头一闪而过之后，他们并不能确定是否需要向上级汇报，或求助专业人士，或启动应急预案，还是只是自己多虑了。下面的三个问题，可以在他们发现身边人的“不对劲”时帮助他们来做一些判断。

问题1：该组织成员的言行、反应是否异于常人？

问题2：该组织成员的言行、状态是否突然发生改变？

问题3：该组织成员对自身与周围环境是否造成影响（存在风险）？

在日常操作中，以上三个问题有两个回答“是”，或者当组织存在一些高压力情境（持续高强度高压力的工作状态、组织变革、发生灾难或事故等）时只要有一个回答“是”，就应当与专业人士联络了。所谓的专业人士不是指领导或上级，而是至少学习过相关的心理学知识，具备心理异常状态的基本识别能力的人，可以是企业内部的危机相关职能人员或心理专员，或企业外部专门为企业提供心理服务的专业心理顾问。要及时与专业人士一起根据收集到的信息，先评估风险，再讨论后续的应对与处置措施。对于组织来说，将这样的基层风险预警环节纳入风险防控体系中是必要的，也是非常有效的。

十二、心理问题早期预警信号

除了通过“三个是否”对心理风险进行简易识别，当下列预警信号出现时，我们也需要对组织成员的心理状态多一些关注。

- 无法解释的缺勤或病假增多。
- 绩效变差。
- 事故或伤害。
- 判断力变差/犹豫不决。
- 与同事或家庭发生冲突。
- 完全不接受批评。
- 记性差或注意力不能集中。
- 异常的情绪表现，如时常发怒或哭泣。
- 疲惫或失眠。
- 过度饮酒或抽烟。
- 过分的行为。
- 不愿与人交往。
- 对变革过度警觉。

十三、心理突发事件危机响应流程设计要考虑哪些因素

危机响应流程是组织危机管理系统中非常重要的内容，在设计过程中需要考虑以下因素。

危机情境（在什么情况下采取行动）。对于不同类型的危机情境需要设计相应的危机响应流程，例如，火灾的危机响应流程与产品质量危机的响应流程肯定是不同的。对于同行业、同类型、同地区组织发生率较高的危机情境要优先设计专门的响应流程。例如，处于低洼地区，经常遭受洪涝灾害的组织就要提前设计好水患危机的响应流程；而心理突发事件危机响应流程对于劳动密集型企业和需要从事高强度心理应激工作的组织而言都是必须提前准备的。

岗位（由谁采取行动）。危机响应流程的设计就是要将危机响应的全过程细化为每个岗位的操作标准或行动指南。各岗位在危机中的职责不仅要清晰简单，更要易于理解和掌握。

时间（在什么时限内完成行动）。在危机情境下，响应行动的时效性对行动结果有着决定性的影响，因此，需要在响应流程中对行动和结果反馈设定时间节点或限期。

行动（具体要采取什么行动/行动的标准）。要求不同岗位员工采取的行动必须是具体的、可操作的、有标准的、易掌握的。可以对行动做出详细的说明，但要便于员工记忆和查询。

小练习

下面是某大型制造企业的员工心理突发事件危机响应流程，请你试着练习。

员工心理突发事件处理流程

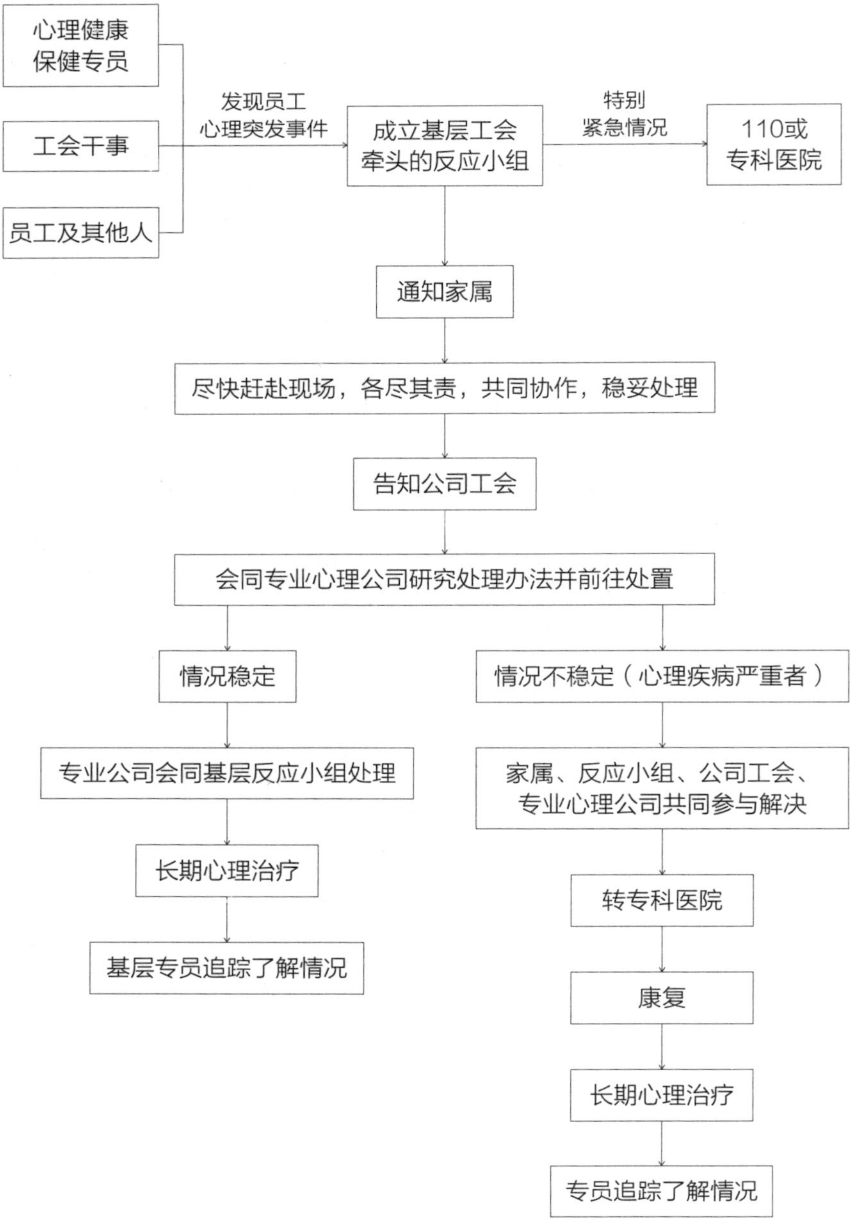

（1）该处理流程的优点有哪些？（2）有哪些可以改进的部分，如何改进？（3）参考其优点和不足，根据你所在组织的实际情况编制《员工心理突发事件危机响应流程》。

十四、精神疾病或非常态心理相关风险管理的十条建议

（1）保护当事人隐私，不公开讨论，工作团队需要有保密协议。

（2）先与专业人士一起梳理信息，评估风险，讨论接触注意事项，然后再行动。

（3）只评估风险，不下诊断或贴标签。

（4）在事情一开始就预备好紧急联系人的联系方式。

（5）履行“告知义务”的目标之一是与利益相关人形成工作联盟。

（6）当伤害行为正在发生时，及时寻求警方的帮助。

（7）无法理解对方时，试着想想：在生病时，“不正常”才是正常的。

（8）工作前的心理建设和工作时的自我保护都是必需的。

（9）做好长期工作的心理预期，有团队支持。

（10）留存相关资料与相关工作记录。

十五、顾主（管理者）的责任与义务

简单来说，组织/雇主/管理者对于组织成员的身心健康所负有的义务或责任可以用三个词来概括：关心、告知、行动。

关心。关注、关心、保护组织成员的身心健康，并保护其身心健康信息的隐私权。

告知。提前告知组织成员与工作相关的身心健康风险，当有组织成员的身心健康可能或正在发生损害时，将风险及其权利告知利益相关人。

行动。将对组织成员心身健康的保护付诸行动。例如，提供相关的劳动保护措施和培训；当组织成员的身心健康可能或正在发生损害时，及时采取止损和恢复行动。

十六、与组织成员身心健康相关的法律法规条文

以下摘录我国与组织成员身心健康相关的部分法律法规条文。

《中华人民共和国精神卫生法》▼

第四条 精神障碍患者的人格尊严、人身和财产安全不受侵犯。

精神障碍患者的教育、劳动、医疗以及从国家和社会获得物质帮助等方面的合法权益受法律保护。

有关单位和个人应当对精神障碍患者的姓名、肖像、住址、工作单位、病历资料以及其他可能推断出其身份的信息予以保密；但是，依法履行职责需要公开的除外。

第十五条 用人单位应当创造有益于职工身心健康的工作环境，关注职工的心理健康；对处于职业发展特定时期或者在特殊岗位工作的职工，应当有针对性地开展心理健康教育。

第十六条 各级各类学校应当对学生进行精神卫生知识教育；配备或者聘请心理健康教育教师、辅导人员，并可以设立心理健康辅导室，对学生进行心理健康教育。学前教育机构应当对幼儿开展符合其特点的心理健康教育。

发生自然灾害、意外伤害、公共安全事件等可能影响学生心理健康的事件，学校应当及时组织专业人员对学生进行心理援助。

教师应当学习和了解相关的精神卫生知识，关注学生心理健康状况，

正确引导、激励学生。地方各级人民政府教育行政部门和学校应当重视教师心理健康。

学校和教师应当与学生父母或者其他监护人、近亲属沟通学生心理健康情况。

第十八条 监狱、看守所、拘留所、强制隔离戒毒所等场所，应当对服刑人员，被依法拘留、逮捕、强制隔离戒毒的人员等，开展精神卫生知识宣传，关注其心理健康状况，必要时提供心理咨询和心理辅导。

第二十八条 除个人自行到医疗机构进行精神障碍诊断外，疑似精神障碍患者的近亲属可以将其送往医疗机构进行精神障碍诊断。对查找不到近亲属的流浪乞讨疑似精神障碍患者，由当地民政等有关部门按照职责分工，帮助送往医疗机构进行精神障碍诊断。

疑似精神障碍患者发生伤害自身、危害他人安全的行为，或者有伤害自身、危害他人安全的危险的，其近亲属、所在单位、当地公安机关应当立即采取措施予以制止，并将其送往医疗机构进行精神障碍诊断。

医疗机构接到送诊的疑似精神障碍患者，不得拒绝为其作出诊断。

第五十八条 用人单位应当根据精神障碍患者的实际情况，安排患者从事力所能及的工作，保障患者享有同等待遇，安排患者参加必要的职业技能培训，提高患者的就业能力，为患者创造适宜的工作环境，对患者在工作中取得的成绩予以鼓励。

《中华人民共和国劳动合同法》▼

第四十条 有下列情形之一的，用人单位提前三十日以书面形式通知劳动者本人或者额外支付劳动者一个月工资后，可以解除劳动合同：

（一）劳动者患病或者非因工负伤，在规定的医疗期满后不能从事原工作，也不能从事由用人单位另行安排的工作的；

（二）劳动者不能胜任工作，经过培训或者调整工作岗位，仍不能胜任工作的；

（三）劳动合同订立时所依据的客观情况发生重大变化，致使劳动合同无法履行，经用人单位与劳动者协商，未能就变更劳动合同内容达成协议的。

《企业职工患病或非因工负伤医疗期规定》▼

第二条 医疗期是指企业职工因患病或非因工负伤停止工作治病休息不得解除劳动合同的时限。

第三条 企业职工因患病或非因工负伤，需要停止工作医疗时，根据本人实际参加工作年限和在本单位工作年限，给予三个月到二十四个月的医疗期：

（一）实际工作年限十年以下的，在本单位工作年限五年以下的为三个月；五年以上的为六个月。

（二）实际工作年限十年以上的，在本单位工作年限五年以下的为六个月；五年以上十年以下的为九个月；十年以上十五年以下的为十二个月；十五年以上二十年以下的为十八个月；二十年以上的为二十四个月。

第六条 企业职工非因工致残和经医生或医疗机构认定患有难以治疗的疾病，在医疗期内医疗终结，不能从事原工作，也不能从事用人单位另行安排的工作的，应当由劳动鉴定委员会参照工伤与职业病致残程度鉴定标准进行劳动能力的鉴定。被鉴定为一至四级的，应当退出劳动岗位，终止劳动关系，办理退休、退职手续，享受退休、退职待遇；被鉴定为五至十级的，医疗期内不得解除劳动合同。

第七条 企业职工非因工致残和经医生或医疗机构认定患有难以治疗的疾病，医疗期满，应当由劳动鉴定委员会参照工伤与职业病致残程度鉴定标准进行劳动能力的鉴定。被鉴定为一至四级的，应当退出劳动岗位，解除劳动关系，并办理退休、退职手续，享受退休、退职待遇。

《劳动部关于贯彻〈企业职工患病或非因工负伤医疗期规定〉的通知》▼

二、关于特殊疾病的医疗期问题

根据目前的实际情况，对某些患特殊疾病（如癌症、精神病、瘫痪等）的职工，在24个月内尚不能痊愈的，经企业和劳动主管部门批准，可以适当延长医疗期。

案例▼

“让他休假还是辞退”：员工病假复工后抑郁症复发该怎么办

通过之前的学习，我们已经了解了抑郁症是一种什么样的疾病，也知道了当抑郁症发生在组织成员身上时，会有哪些风险和影响。下面我们会通过一个更具体的案例，看到组织管理者的真实困扰，以及作为心理工作者在这种情况下要如何帮助组织对现状与风险进行评估，在做决策之前需要考虑哪些问题，在做出决策之后要如何采取行动减少危机发生的可能性。

为了尽可能还原真实的情境，我将节选危机管理报告的部分内容，并对每部分内容进行更深度的解析，使大家对此类在组织中常见的个案的处理过程能够知其然并知其所以然。

案例内容已进行匿名和虚构处理，请组织和个人勿对号入座。

报告节选——背景资料

2018年10月16日，危机项目助理小燕接到BB市XQ工厂危机管理支持需求：员工韦某2017年5月在BB市人民医院被诊断为抑郁症，后病休1年。2018年5月，BB市人民医院出具诊断书，建议韦某复工。韦某复工后，刚开始工作表现积极，情绪状态正常，先后在生产线、物料处理中心、实验室工作，后因故又换回生产线。回到生产线后，韦某对倒班需要上夜班感到不适应，自述影响睡眠，于9月2日至10月7日又休了一个月的病假，复工后将其调回物料处理中心。近期同事反馈其状态恍惚，反应慢，总是“犯愣”。部门经理和他沟通时，他自述对自己没有信心，总担心自己工作做得不好，有时候脑子一片空白，因为工作群里一张照片就有过自杀念头。

XQ工厂担心韦某这样的状态在工作时有安全风险，故考虑两个方案：一个是让其在合法医疗期内休假，回家安心养病。另一个是给他补偿金，与他解除劳动合同。但考虑到韦某的状态及言行表现，工厂希望对其后续的行为及人身安全风险进行更为客观的评估，故邀请了危机顾问介入评估当事人的心理状态及安全风险，给予相应建议。由北京顾问黄雯接案。

解析

可以看到，报告节选中的背景资料部分对事件的描述和组织困扰都做了简单清晰的呈现，对于危机报告撰写的中性化处理，在报告撰写的部分已经有详细描述，这里不再赘述。而在危机管理会议中，心理工作者需要帮助组织中的事件处理者觉察情绪，理清思路，并对他们的困扰和担忧做出积极归因。

什么叫作积极归因呢？积极归因就是将组织和事件处理者在危机事件中的情绪、想法和动机做出有利于问题解决的、利他的或善意的归因。

举个例子，其实XQ工厂的HR过来找我时的原话是："黄老师，我们这儿有个员工好像是抑郁症复发了，现在还在上班，领导和同事都觉得风险很大，我们想让他回去休假，但他现在对于工作又挺在意的，主管不敢和他说，怕刺激到他。我们问过法务，也考虑过直接解聘，法律上没问题，但也怕刺激到他。所以，我们想问问你们现在到底应该怎么办？"

我们先来对上面这段话做"邪恶的"消极归因："你们现在很担心，因为这个人就是个定时炸弹，HR和主管很害怕，因为觉得刺激到员工会出事。就因为你们很担心、很害怕，所以你们想让他离开工厂，别在工厂里出事了，无论是休假还是解聘都可以。但现在你们又不敢做这个决定，最好有个第三方的顾问直接告诉你们该怎么做，这样就算出了事也有人担责任，你们也不用觉得太内疚。"

有些读者可能会觉得上面的消极归因太夸张、太阴暗了，甚至要说我以小人之心度君子之腹；也有些读者会觉得上面的说法特别真实，甚至如果自己处于那个角色，可能也会有同样的想法。如果你是前者，我想请你思考，当你的第一反应是急着否认和抗拒时，你真正否认和抗拒的是什么？当你处于防御状态时，会对你后面的工作有怎样的影响？如果你是后者，我也想请你思考，如果你完全认同了这些归因，对事情的后续发展会有何种影响呢？

先别着急，我们再来试着对同样的话做“善意的”积极归因：“你们现在很担心，因为发现了一些风险的信号，但并不确定目前的风险有多大，也不知道要如何评估目前的风险。你们很害怕，因为想到最坏的可能是他会做出故意伤害自己或他人的举动，或者因为情绪状态不稳定造成安全事故。如果这样的事情在工厂里发生，可能会对更多的同事造成影响。你们很想做些什么以保护同事不受伤害，避免这些可怕的事情发生。你们已经思考了一些方案，但敏感地觉察到了方案本身可能也有风险，所以希望我可以和你们一起梳理一下目前的状况，评估风险，看看可以尽快做些什么，从而能够更好地保护这位员工和其他同事的安全。”

现在我想再请你来思考，如果你们都认同这样的积极归因，那对事情的后续发展又会有怎样的影响呢？我想你们每个人都会有自己的答案。积极归因并不是美化对方的想法，而是映照出对方描述中更有利于问题解决，更积极，更善意的一面，通过这种映照激发对方自己面对和解决问题的动力，增强其信心。不仅是对个人，当一个组织的文化被映照出积极的一面时，也能激发组织成员的积极行动，但要注意，当组织成员对组织文化不认同时，会有反效果。

看到这里，有读者可能会问，到底哪种归因是真实的呢？那个HR当时到底是怎样想的呢？事实上，这两种归因或许都是真实的，“担心、恐惧、焦虑、内疚、无力”是他们真实的情绪感受，无论是“趋利避害”还是“助人利他”都是人的本能，在情绪和本能的驱使下，想要采取“回避”“隔离”“对抗”“自保”的行动策略也是正常的。但正常不代表正确，心理工作者的工作正是要帮助人们看到这些真实的情绪，无论看到的是“邪恶的”还是“善意的”，都无须惊讶，它们都是我们内在的一部分，但我们可以在觉知的情况下选择正确的行动。

报告节选——危机管理会议安排

工作安排：危机管理会议

会议时间：2018年10月16日，下午16：00

会议时长：70分钟

参会人（BB市XQ工厂）：部门经理万经理、直线主管A主管、HR莉莉、ER小吴、厂医赵医生

参会人（危机管理公司）：危机管理顾问黄雯、助理小燕

解析

很多企业一发现员工有抑郁的表现，想到的第一件事就是马上让员工去和心理顾问谈一谈，其实需要第一时间与心理顾问谈一谈的不是员工，而是发现风险的人，他们可能是管理者，可能是HR，也可能是组织中有相关工作职责的人。上面案例中的企业，因为之前就有多次与心理顾问合作进行危机管理的经验，所以除了能够敏感地觉察到风险，也更认同用流程化的、规范的方式进行危机管理。如果组织在危机管理上还没有与心理顾问合作的经验，以下几点建议可供参考。

（1）发现风险后，需启动相应的风险管理预案，如果没有预案，就先确定组织内部进行危机管理工作的负责人或工作团队，这不是为了“出事的时候有人背锅”，而是为了明确危机管理在组织中是一项重要但结果存在未知性的工作，要求危机工作者专业、规范、有觉知地开展工作，同时要求组织给予危机工作者必要的资源支持，而不是让相关人员

在“背锅”的压力下都本能地做出“甩锅”的动作。

（2）“请心理顾问与有心理风险的当事人直接谈话”是评估风险的一种方式，但也是危机干预的一个具体行动，只要是危机干预的行动，就需要先评估行动本身的风险并做好准备，要明确以下这些问题组织是否考虑过了：员工现在的状态是否适合谈话？员工对与心理顾问谈话是什么态度？在什么时候，用什么方式，由什么人向员工提出转介建议更适合？转介行动本身有什么风险？……

（3）在组织已经发现当事人有心理风险的情况下，请确保组织后续的行动、决策与计划充分评估和考虑了当事人的心理风险，以及行动策略本身的风险性。没有风险评估和准备的行动决策，本身就是一个巨大的风险。

（4）情绪是具有功能性的——特别是焦虑、恐惧、愤怒等具有保护功能的情绪，如果事件处理团队对行动决策有这些情绪，或者觉得“拿不准”“忐忑”“不敢”，那意味着这个决策本身就存在风险，或者行动执行者对于行动还没有做好心理准备。

（5）即使组织内部有医学专业或者心理学专业的同事，在必要的时候，也建议引入“独立的专业第三方”。这不仅是因为第三方的独立身份使其能更为客观地做出评估和给出建议，更是因为心理风险干预特殊的隐私性保护和中立性工作需要。

报告节选——资料收集与评估

一、当事员工个人资料收集

姓名：韦某

性别：男

年龄：29岁（1989年出生）

司龄：9年（20岁入职公司）

学历：大专

工作情况：生病前工作态度认真积极，对自我要求比较高。2017年生病后在治疗期间基本与工厂同事断绝联系，复工后的最初几个月表现积极，状态正常，之后状态反复。最近在工作中经常发愣、反应迟钝，对同事的谈话敏感，总觉得自己做不好工作，反复向领导表态自己会调整好，但效率不高，遇事容易猜疑、负面解读、悲观。自述上午觉得不太好，但到了下午就会觉得好一些。

病假情况：2017年5月至2018年5月持医院抑郁症诊断证明休病假一年（已计入医疗期）。2018年5月持医院建议复职的病历文件主动要求恢复工作，于2018年5月2日开始上班。2018年9月2日至10月7日又休了一个月病假。2017年之前无重大疾病或异常病假史。

同事关系：在公司没有关系较亲近的同事，有些同事知道他有抑郁症会有些回避，不敢和他接触。少数同事会主动鼓励他，与他谈话。

家庭情况：BB市本地人，未婚，2016年与女友分手（人财两空），有自己的住房，自述经济条件不错。独生子，2016年其母去世，现在与父亲一起居住。今年其父突发心梗，目前已经恢复，但不能剧烈运动。其父生病前父子关系不好，听闻常有在家中争吵、摔打东西的情况，其父生病后，父子关系发生转变，目前关系较好。爷爷奶奶岁数大了，爷爷前一阵子病倒了，韦某怀疑是自己生病休假导致的，很自责。

韦某父亲在韦某2017年患病初期，曾不停地给主管打电话，认为韦某患病与工作压力及同事批评有关，甚至称其咨询过律师，曾提出要求公司赔偿200万元，韦某认为30万—40万元就可以。但之后其父态度有所转变，不再与工厂对立，具体转变原因未知。

在职期间表现：未见暴力事件，未见人际冲突事件，未见违纪事件。

支持性爱好：喜欢户外运动及马拉松，但患病后就屏蔽了之前有共同爱好的朋友。

近年应激事件：2016年其母去世；同年与女友分手并人财两空（自述此事对其影响很大，怀疑大家都骗他）；2018年其父突发心梗，虽已恢复，但身体不如从前；爷爷近期病倒。

解析

对信息与资料结构化的整理过程，本身也是帮助整理者恢复控制感，降低因失控而引发的焦虑和恐惧感受的过程。同时，从危机管理会议中或通过后续补充获得的信息与资料，也是心理工作者评估风险、给出建议的最主要依据，对于关键信息的真实性、完整性、客观性需要进行审核并如实记录。通常信息提供者并不会按照我们期待的顺序，非常有条理地说出信息，更常见的是“想到哪儿说哪儿”，“更多地表述他们觉得重要的部分”“表述感受比事实更多”“会说更多能证实他们猜想的证据”，这些情况对有经验的心理工作者可能并不会造成太多困扰，但对于新手我们会有一些实用的建议，我们根据这些建议来进行信息收集的谈话训练。

（1）准备一份信息收集清单，最完美的情况是将清单印刻在你的大脑里，如果不行就拿在手里。

（2）信息清单里只记录“事实”及“事实来源”，对于讲述者的猜想、感受要分开记录。

（3）从开放式问题开始，保护对方在事件处理中的自主性。例如：“你能告诉我关于这件事你们已经收集了哪些信息吗？”

（4）如果对方对于你的开放式问题没有思路，再使用结构式的提问。

（5）只要对方在说有用的信息就不要打断他，请自行将你听到的信息在清单中分类。

（6）当对方停下时，先确认在前段表述中你没有听明白但重要的部分，然后再请对方继续补充其他的信息。

（7）当对方不停地说却不能提供有效信息时，请自然地打断他，并进行结构化的提问。

（8）在谈话结束前，要与对方确认你已经收集到的信息，也要与对方确认还缺失的那些重要信息，特别是有可能影响到风险评估的信息。

报告节选——资料收集与评估

二、风险评估

根据现有信息，从韦某近期的言行来看，以下表现与抑郁状态的症状相似，包括：思维反应迟缓，强烈的自责、自我否定、悲观，负性猜疑，晨重夜轻，并自述有自杀意念。自杀计划、准备与行动情况未收集。有抑郁症诊断与治疗史，复工后治疗情况未证实。近年有多件较为重大的生活事件发生，形成叠加应激。

基于上述资料，以及部分重要信息的模糊与缺失，韦某自伤自杀风险等级非常高，伤人毁物风险低。

应引起组织的高度重视，做好持续接触应对预案，做好突发情况的防范应对预案，并谨慎地采取措施。

解析

无论是组织内部的危机管理团队，还是第三方的专业危机管理顾问，对风险进行评估时，都需要注意风险评估不是“下诊断”也不是“贴标签”，评估的目标是提示风险类别及风险程度，为后续的行动策略提供方向和依据。

进行评估时，除了参考已经收集到的信息与资料，对评估结果有重大影响的缺失信息也需要参考，在使用缺失信息时，应按其最高风险列入评估条件中。在上面的案例中，对于自杀风险的评估，必须评估的条件包括：自杀意念、自杀计划、自杀准备、自杀行动（史）。本案例中已经收集到的信息是员工的自杀意念——“自述有自杀意念”，其他必需的重要信息均未收集到，也就是说我们并不知道员工是否已经做好了自杀计划，是否已经为自杀做好了准备，甚至是否曾经或尝试行动过。当我们不知道、不确定时，都按最高风险来进行评估。如果之后收集到新的信息，可以再按实际情况重新评估，确定风险等级，因为一开始就将未知信息按最低风险评估，之后再升高风险等级，行动和准备上就可能都来不及了。

报告节选——建议

一、当下建议

（1）相关人员在工作过程中需保护韦某的隐私，避免在公开场合谈论其病情，对其病历等相关隐私性资料要注意保密与保存。

（2）准备好其紧急联系人的联系方式，如出现保密例外的紧急情况（自杀、自伤或伤人等）时，及时联系告知。

（3）收集、核实韦某目前的医学诊断与治疗状况信息。根据专业诊断建议，为其安排更为适合的工作强度及岗位。如专业诊断建议认为其继续工作存在风险或不利于其康复，应谨遵医嘱，配合治疗。

（4）对已经知晓韦某病情，与韦某有密切接触的管理者和同事，可请专业人员（厂医或EAP顾问等）为其进行科普，了解与抑郁症恢复期同事接触的注意事项及自杀风险识别与评估的简易方法，为韦某创造更有利于康复的人际环境，并及早识别风险。

（5）用较为自然的方式为韦某提供相应的支持资源信息，包括厂内医疗、EAP热线等。

（6）启动企业内部的风险预警处置流程，尽快做出后续处置的决策及行动计划。

（7）如后续与韦某的正式谈话涉及其工作状态、工作关系或利益的重大改变，将可能成为其新的应激事件，需谨慎进行，建议在取得其相关利益人（直系亲属）的支持和配合的情况下进行。

（8）在正式谈话前，工作组成员需对谈话进行预演和讨论，必要时可请专业顾问支持，做好谈话前的风险预案和心理准备。

（9）对受到事件影响的同事，事件处理小组的同事应提示EAP热线可以提供的支持内容，包括个人情绪状态、生活节律的调整，当前情境下团队管理中的一般性问题，觉察事件对自己与团队的影响，主动调整，正面应对。

（10）如有新的资料和事件进展情况可及时联系危机管理顾问，进行重新评估，讨论修正后续行动方案。

解析

需要提醒读者的是，上面的建议仅适用于这个特定的案例，部分内容并不具有普遍性，当你的组织遇到类似情况时，你可以参考以上建议，但具体的行动策略与计划还是应该由你们的危机管理团队根据实际情况来制订。

在危机管理中的心理工作者所给出的建议，首先是出于其心理学专业、心理学视角或心理学方法的。例如，心理工作者不能代替企业做出应该让他休假还是直接解聘的决定，但需要提供给企业在做出这个决定时所必须参考的心理专业评估和建议："当事员工的自杀风险等级非常高。""如后续与韦某的正式谈话涉及其工作状态、工作关系或利益的重大改变，将可能成为其新的应激事件，需谨慎进行，建议在取得其相关利益人（直系亲属）的支持和配合的情况下进行。""在正式谈话前，工作组成员需对谈话进行预演和讨论，必要时可请专业顾问支持，做好谈话前的风险预案和心理准备。"

建议按其时间紧迫程度，通常分为需要立即提醒组织注意的"当下建议"和在事件进展中或事件结束后对组织有益的"中长期建议"。

建议必须是可操作的或有明确指导性的。

无论是在危机管理会议上还是危机管理报告中，心理工作者给出建议的顺序都应按重要程度和紧急程度从高到低排列。例如，在上面的案例中，员工已经表现出了对周围环境异常敏感，对"隐私保护"的忽略会带来非常大的心理和法律风险，需要立即提醒企业在后续的所有行动中注意这一行动准则。另外，顾问在危机管理会议中发现，在自杀风险非常高的情况下，企业并不能确定员工的紧急联系人信息与联系方式，这意味着发生突发状况时无法在第一时间履行"告知义务"。因此，在这个案例中，"准备好紧急联系人的联系方式"是企业需要立即去做的事之一。

当下建议（4）中，特意提到了接触注意事项。在前面的关于抑郁症的部分已经提到过，在组织里如果发现同事或下属有抑郁的表现，人们常常会本能地做出“远离他”“回避他”或者“鼓励他”“推他或拉他一把”的反应。而这些反应很正常，甚至是出于好心的，但对于身患抑郁症的人来说却是不够恰当的。那么，怎么做才更为恰当？除了一些普遍性的原则，同事和管理者往往需要更为具体的，与他们的工作情境和关系更为贴合的实际行为指导，而这样的指导也只有在与专业顾问直接的交流和讨论中才能获得。

最后，组织和心理工作者都需要意识到，危机管理不是一次性的工作，而是一个持续的工作，因此，当情境发生变化时，及时地对风险进行重新评估是必须的。

案例小结

（1）在事件处理的开始，先帮助自己和危机事件处理团队的成员觉察情绪、理清思路，对在危机事件中的情绪、想法和动机做出有利于问题解决的“积极归因”。

（2）不仅是有心理风险的员工需要专业的心理支持，事件处理团队、主管、相关密切接触人，更需要专业的心理支持。

（3）危机中的正常反应不一定是正确的反应，没有风险评估和准备的行动决策，本身就是一个巨大的风险。

（4）引入“独立的专业第三方”，不仅是因为第三方的专业与客观视角，也是因为心理风险干预特殊的隐私性保护和中立性的工作需要。

（5）对信息与资料结构化的整理过程，本身也是帮助整理者恢复控制感，降低因失控而引发的焦虑和恐惧感受的过程。

（6）风险评估不是“下诊断”也不是“贴标签”，评估的目标是提示风险类别及风险程度，为后续的行动策略提供方向和依据。

（7）对于未知的缺失的重要信息，按最高风险等级进行评估。

（8）心理工作者不能代替企业做决定，但需要提供给企业在做出这个决定时所必须参考的心理专业评估和建议。

（9）与精神疾病相关的风险事件，“隐私保护”是重要却常被忽视的行动准则。发现当事人有自杀风险时，准备好其紧急联系人的联系方式是必须的。

（10）危机管理不是一次性的工作，当情境发生变化时，需要及时对风险进行重新评估。

第三部分

组织中的自杀危机

本部分我们将从一个发生在工厂中的自杀案例开始，了解与自杀相关的研究和数据，自杀对周围人和组织的影响，如何预防和减少自杀的发生，以及当自杀发生在组织中时，我们可以做些什么。

如果阅读此书的你正在考虑自杀……

我想和你说，自杀这个想法，很多人在一生中都曾经出现过，这并不可耻。但无论你正在经历什么，你都不必独自承受。

试着找人说出你的想法和困惑，可以是你信任的人、专业咨询师、医生或者危机热线［如北京心理援助24小时免费热线：800-810-1117（座机拨打）或010-82951332（手机拨打）］。

案例▼

1000平方米的车间成了鬼屋：发生在工作场所的自杀事件

2016年的冬天，临近春节，京郊的G工厂在深夜紧急联系了我的同事J，原因是一名年轻男性员工在车间里自杀身亡。当我想要在书中写一个关于自杀的案例时，很自然地就想到了这个案例。其实这个案例并没有什么特别之处，与其他发生在组织里的自杀事件类似，总是“毫无征兆”地突然发生，让周围的人一时间不知所措、难以置信。但G工厂在这次自杀危机事件中的反应快速且主动，能够正视自杀事件给员工带来的心理影响，并在不同阶段为员工提供相应的支持，整个危机管理过程相对完整，这或许就是我想写这个案例的原因。毕竟在对自杀“讳莫如深”的社会文化背景下，不少组织会出于“本能”做出事与愿违的行动。例如，在事发之后企图封锁消息，然而各种离奇诡异、亦真亦假的小道消息总是能快速地传到每一只饥渴的耳朵里。又如，有些管理者因为期待“一切如常”而对团队成员的反应视而不见，甚至想营造一种什么都没发生过的氛围，直到那些被无视和压抑的“悲痛、恐惧、愤怒、怀疑”情绪暗涌找到其他宣泄的出口时，才不得不面对更复杂的局面。还有更多的组织和管理者因为“不知道要怎么做”“不知道该做到什么程度”而在犹豫中什么也没有做，从而错过了行动的最佳时机。

下面将按时间线回顾心理顾问与G工厂在危机管理过程中采取的关键步骤及部分细节，谨供参考。其中的具体操作与细节是在充分、严格评估了G工厂的实际情况后确定的，但并不一定具有普适性。

（1）当天夜里10点多，李强（化名）被工友发现在车间里不省人事（120到达后确认死亡，后警方做出的结论为“排除他杀”），工友随即报告主管，先后有十余人到现场参与了抢救，通报，等待，协助120和警方处理现场，维持现场秩序，隔离其他员工，避免更多人目睹现场等工作。

- 在等待120的过程中，主管联系了李强的堂兄（李强在当地唯一的紧急联系人，也是李强入厂的介绍人），堂兄到达现场较晚，未目睹第一现场，只确认了遗体身份并配合了警方问询。根据堂兄的意见，没有在当晚联系李强远在外地的父母。
- D1（D1=事发后第1日，以下类推）凌晨2点多，李强的遗体被运走，人员撤离疏散，因警方调查需要，车间暂时封闭，现场周围拉起隔离线。

（2）工厂临时组成了事件处理小组，包括HR、工会人员、李强的直接主管、生产线负责领导、法务、工厂领导。HR负责相关外部资源的协调沟通，在当晚就联络了提供危机心理服务的公司。D1早上8点，危机心理服务公司的危机管理顾问、客户经理与工厂HR及生产线负责领导进行危机管理电话会议。会议时间约1小时。在开会之前事件处理小组已经收集和整理了相关的信息（包括：事件经过、当事员工的个人信息及家属信息、前期处置、项目组成员与分工等）。

- 危机管理会议内容包括：梳理前期信息，对受影响人群进行初步盘点，匹配相应的危机干预策略，明确重要工作的分工和责任人，制定初步的时间表，顾问提示当下需要关注的风险点并给出相应建议。
- 不同人群危机干预策略如表3-1。

表3-1　不同人群危机干预策略表

同质性人群特征分类	人数	干预策略	时间安排	备　注
危机处理小组		危机管理会议与相关支持	全程跟进	客户经理7×24响应需求，专属危机管理顾问全程负责。参与危机管理决策会议，给出心理意见，例如向内发布信息稿的心理意见等
危机处理小组及相关管理者	8人	危机管理咨询	D1下午/D2	包括：与家属对接的同事、李强的直接主管、生产线负责领导、工会与HR同事等
目睹现场、参与抢救的同事	9人	个体危机干预	D1下午/D2	其中3人接触遗体（人工呼吸/搬抬遗体），1人为现场第一发现者，2人目睹现场后反应较大，以上6人安排面谈干预，其余3人安排电话干预

续表

同质性人群特征分类	人数	干预策略	时间安排	备　注
李强同生产小组同事	8人	危机小组干预	D2	在小组干预前单独进行简短的同质性评估，同质性评估在D1下午通过远程方式完成
其他密切往来同事与好友	6人		D2	
相关基层管理者	约30人	重大事件压力管理科普培训	D2	一场2小时，内容除常规危机压力管理科普外，还包含情绪风险的识别与心理急救常识
可能受影响的车间工友	约150人	重大事件压力管理科普培训	D2/D3	按工友排班分三场进行，每场50人，每场1.5小时

（3）D1上午9：30—12：00，完成危机顾问团队内部准备工作及召开准备会议，包括：确定危机干预团队顾问成员，分配工作任务与时间，事件经过、简要必需信息同步，提出专业工作要求与目标，了解干预对象相关信息，制定顾问团队工作质量控制标准，确定内部联系机制与紧急联系人等。

- 危机干预顾问团队工作安排如表3-2。

表3-2　危机干预顾问团队工作分配表

危机干预顾问团队	工作分配
客户经理J	7×24响应客户需求，协调安排，后勤支持
危机管理顾问：1人	对接工厂危机处理小组，参与危机管理会议，对相关文案（如内部信息发布稿等）给出心理意见，主要管理者的危机管理咨询3人，危机干预顾问团队专业管理与工作安排
危机干预执行顾问（远程）：3人	提供远程支持：为危机小组干预的14人进行简短的电话同质性评估，为3名反应较轻的现场目睹者提供远程个体干预
危机干预执行顾问（现场）：4人	个体危机干预6人，危机管理咨询5人，危机小组干预2场
危机培训顾问：2人	1场管理者培训，3场工友培训

- 为工厂开通为期6个月的心理热线，员工及其家属均可免费、保密使用。
- 因现场被隔离导致约1000平方米的车间无法正常进入，存放在车间内的部分生产物资无法正常拿取，工厂事件处理小组在早班前调整了受影响车间的工作安排，减少生产影响。
- 早餐时间，有管理者在食堂里听到员工在议论昨晚发生的事情。
- 上午9：30，危机管理顾问为与家属对接的同事提供咨询，讨论家属接触注意事项，以及进行工作必需的心理准备。
- 上午10：00，危机管理顾问为工厂的“内部信息发布稿”提供心理意见，之后由车间主任向各车间班组长告知，再由各班组长在当日“班前会”上向员工告知。

（4）中午，负责家属对接的同事与李强的堂兄一起给李强的父母打电话，告知噩耗，在此之前先告知了李强的舅舅（较年轻、理性），以便李强父母接听电话时有人在旁陪伴。D1下午、D2全天，危机干预顾问团队按计划为工厂的管理者和同事提供了危机支持。绝大部分同事的应激反应在正常范围内，知晓了必要的危机压力管理常识，所有同事都拿到了免费的心理热线号码卡，有需要时可以随时拨打电话，获得专业顾问的支持。个别同事反应较为强烈，顾问评估后建议安排回访。

- 所有顾问在完成危机干预工作当日向危机管理顾问提交当日的危机干预工作记录。
- D2上午，李强的父母与舅舅抵达工厂安排的酒店，由李强的堂兄及危机处理小组的家属对接人陪同，告知已经确认的具体细节，等待警方通知。
- D2晚上，临时安排心理顾问到酒店为李强父母提供了哀伤辅导，并向陪同的舅舅和堂兄嘱咐了家属陪护注意事项。

- D2现场隔离解除，因事发现场位于车间库房入口，隔离解除后员工均表示不愿意前往车间工作。

（5）车间主任欲安排员工前往事发车间库房拿取物资，员工表示害怕不敢前往，并称事发车间为“鬼屋”，很多夜班员工甚至会绕远路避免经过事发车间。D3上午，危机干预顾问团队完成第一阶段工作，向事件处理小组交付第一阶段的危机工作报告。根据保密原则，报告中并不涉及任何干预对象的个人信息和隐私，通过顾问的观察和评估，描述了工厂同事整体的应激反应状况，并对之后的应激心理过程进行提示，同时提供相应的个人和管理建议。

- 上午10：00，工厂领导欲前往酒店看望李强的父母，出行前向顾问进行咨询，讨论家属接触注意事项。
- 工厂领导到酒店看望了李强的父母，表达遗憾与慰问，并表示工厂会协助家属处理相关事务，在社保和其他方面为家属争取相应的经济补偿。
- D3下午，对接人陪同家属接受警方问询、办理遗体认领等相关事务和手续。

（6）D4。

- 工厂法务及家属对接同事，与家属商讨经济补偿方案并达成一致。
- 有两名员工提出辞职，管理者担心会有更多人辞职，自行通过心理热线预约顾问进行咨询，讨论如何面对员工辞职问题，以及近段时间对员工的管理要注意什么。

（7）D5。

- 李强的父母决定在本地进行简单的追悼仪式后完成遗体火化。

- 危机顾问通过电话回访之前应激反应较为强烈的同事，评估其应激反应有所缓解，无须再次回访或转介。
- 事件处理小组发起危机管理会议，邀请危机管理顾问参加，讨论员工对于“鬼屋”车间的回避影响了工厂的正常生产秩序及相关问题，寻求顾问在如何减少员工恐惧情绪，恢复正常工作秩序等问题上的建议。
- 事件处理小组在危机管理会议中做出决策：①通过符合当地风俗的仪式，为员工提供公开哀悼和相互支持的场所。②考虑员工对事发车间的回避行为和恐惧情绪，制定为期1—3个月的临时生产规则，以减少对生产效率的影响。例如，在其他车间设立临时中转库房，不在夜间安排员工前往事发车间库房拿取物资等。③对事发车间结构进行调整和重新装修，包括更改大门方向和进出路线，墙面粉刷，设立临时休息区等。④车间主任及小组长通过班组会向员工表达工厂对员工情绪和担忧的理解，说明后续工作安排，在临时规则执行过程中重视员工感受和想法，及时调整。⑤监控厂内外谣言，主动向内公布事件进展信息及工厂处事态度。

（8）D6。

- 上午，李强的遗体在本地奠仪馆火化，并举行了简单的追悼仪式，李强家属及同事好友十人左右参与。
- 下午，根据当地风俗，工厂在事发车间进行“头七法事”，李强家属和十多名管理者、员工参与，还有30多名员工围观。
- 按之前的决策，车间主任和小组长通过班组会向员工表达了理解和关注，并公布了新的生产规则。

（9）D7，李强的父母及舅舅一行人带着李强的骨灰返回老家。

• 预期一周左右的车间结构调整和装修工程启动。

（10）客户经理向工厂HR进行回访，了解事件处理小组及工厂员工对危机干预工作的评价，澄清危机干预服务在哪些方面帮到了工厂和当事人，并确认后续可能还有哪些需求。

D15，“新车间”改造工程完成，部分员工回到车间工作。

（11）约3个月后，“新车间”的使用才逐渐恢复到事发之前的效率。约5个月时，中转库房不再使用，原车间库房恢复正常使用。

（12）心理热线被长期保留下来，成为管理者和员工遇到工作生活问题时很有帮助的支持资源。

当然，并不是每一个涉及死亡的事件都会在组织中引发危机，毕竟死亡是我们每一个人都不可避免的结局，只要组织存在的时间足够长，就一定会有涉及死亡的事件在组织中发生。

对于大多数人来说，那些因衰老或因缓慢而致命的疾病而导致的死亡，是更容易被视为“自然的”和更容易被接受的，并且我们一生似乎都在准备着学习如何面对这样的死亡。通常组织在应对这类死亡事件所造成的影响时也更为从容和有经验，相关的规定、制度和预案也更为充分。

但是，当死亡是突然发生（如意外、猝死、谋杀）时，由于这并不在人们的预期之中，大多数人对此完全没有准备，心理失衡的情况也会更为普遍，进而会影响到正常的生活和工作节律，特别是那些完全没有经历过突发死亡事件的人，要从心理上接纳“无法预期的死亡也是人生的一部分”这个事实，需要经过一个艰难的过程。对于组织来说，如果没有系统和预案应对此类情况，组织内部的运作也会因为这种突发性而受到影响，恢复过程也会更长。

而当死亡是突然发生的，又难以解释（如自杀）时，除了要处理突发性带来的惊愕，还需要面对“无法解释/无法理解的死亡”所带来的恐惧，绝大部分的人在观念上不能接受“自杀作为一种生命结束的方式而存在”，这和摆在眼前的事实形成强烈的矛盾，给人们的底层信念带来巨大的冲击。对于组织来说，在恢复正常组织运作和营造支持性的环境上要考虑的因素也更为复杂。例如，在自杀事件中，谣言既可能是组织成员应对“无法解释的死亡”的恐惧而采取的合理化防御，也可能会在流传过程中引发新的恐慌。如果组织企图简单地通过封闭信息或用惩罚来制止谣言，而不回应组织成员的恐惧情绪，通常不仅止不住谣言，反而可能使得恐惧激化成愤怒。又如，应激反应中正常的回避行为可能能够短暂地保护当事人，也可能拖延当事人面对事实和恢复正常生活的过程。组织既要兼顾个人差异，也要通过建立适当的运营规则，为个体提供支持性的组织环境，帮助组织成员回归到正常的工作生活节律中去。

一、关于自杀的一些数据和研究发现

1 数据

- 自杀在中国15—34岁人群的死因排位中，位列第一。①
- 中国是世界上唯一报道女性自杀率高于男性的国家。中国的女性自杀未遂率是男性的3倍。②
- 30%—60%的自杀身亡者有自杀未遂史，自杀未遂者的自杀风险超过一般人群100倍。
- Phillips对509名自杀者进行研究，其中63%能诊断为精神病，但仅9%的人曾到精神科或精神病医院就诊。
- 48%的人自杀前一个月内与他人讨论过自杀。
- 46%的自杀者亲友有过自杀行为。
- 约30%的暴力个体有自杀行为史，10%—20%的自杀个体有暴力行为史。
- 29%的自杀者在死亡前两天经历了重大生活事件。

2 研究发现

- 自杀与影响决策和行为控制的脑功能有关，这部分脑功能的“故障”使人们很难找到积极的解决方案。
- 限制自杀方式的“便利性”（例如，枪支、农药、毒品的管控，危

① Michael R. Phillips, Xian yun Li, YanpingZhang, “Suicide rates in China, 1995-99”, 转引自樊富珉、张天舒主编:《自杀及其预防与干预研究》，清华大学出版社2009年版。

② Michael R. Phillips, Xian yun Li, YanpingZhang, “Suicide rates in China, 1995-99”, 转引自樊富珉、张天舒主编:《自杀及其预防与干预研究》，清华大学出版社2009年版。

险场所的进入限制，等等）会大大降低区域的自杀率。

- 抑郁症、躁郁症和药物滥用与自杀意念和行为密切相关。
- 认知行为疗法（CBT–SP）和辩证行为疗法（DBT）已被证明可以帮助人们管理自杀观念和行为。
- 某些用于治疗抑郁或稳定情绪的药物可帮助人们减少自杀念头和行为。
- 没有一起自杀是因为单一的原因。生活压力加上已知的风险因素，如童年创伤、吸毒甚至慢性身体疼痛，都可能会夺走一些人的生命。
- 直接询问一个人是否正在考虑自杀并不会“把这个想法放到他的脑子里”，相反，大部分人会如释重负地开始和你谈话。
- 如果一个人能够度过强烈的、短暂的自杀危机时刻，那么他很可能不会因自杀而死亡。事实上，大多数“幸免于难”的人（85%—95%）将继续生活。

二、如何识别自杀危机

自杀的发生常常是多个复杂因素的结果，个体暴露的危险因素越多，其自杀的危险性越高。这些因素包括：

慢性但持续或重大的压力事件（人际冲突、经济压力等）、严重的疾病、抑郁焦虑等精神健康问题、物质滥用等。

自杀未遂史，童年被虐待/创伤史等“历史遗留问题”，亲属或熟人曾有过自杀行为。

近期有剧烈的人际冲突，近一个月的生命质量低、社会交往少。

当我们更容易获得可致命的工具（药物、枪支、毒品等）时，自杀也变得更为容易。

此外，目睹他人自杀，或接触了关于自杀的视频/图像或有感染力的描述，也可能增加自杀行为的风险，而网络和自媒体的快速发展使得控制这些内容的传播变得更为困难。

如果我们担心一个人可能会自杀，有一些线索可以帮助我们去识别。一个人有以下表现（见表3-3）并不表示其一定会自杀，但大多数因自杀死亡的人，在自杀前会在言语、行为或情绪上表现出一个或多个预警信号。

表3-3　识别自杀危机的线索

言语	行为	情绪
谈论、公开发布（如社交媒体）或私下记录的言论中包含如下内容	发生与痛苦或重大压力有关的事件、损失或突然的行为改变	表现出以下一种或多种情绪
自杀或死亡	寻找自杀的方法，例如在网上搜索	抑郁
感到绝望	饮酒次数增加或吸毒	焦虑
“结束了”“解脱了”之类的隐喻	活力缺失/疲惫	失去兴趣
成为别人的负担	与家人和朋友隔离	烦躁
没有出路的感觉	睡得太多或太少	屈辱/羞耻/愧疚
难以忍受的痛苦	向家人/朋友告别	易激惹/愤怒
仇恨/想要复仇	赠送珍惜的财物	情绪问题突然改善/缓解
自我厌恶/低自我评价	攻击性/鲁莽/冒险行为	极端的情绪波动
没有活下去的理由	“安排后事”	孤独

三、面对自杀高危人群时能做什么

当你发现有人正在考虑自杀，或者有采取自杀行动的可能时，需要认真地对待，你可以这样做：

- 进行私下的、真诚的、耐心的交谈。
- 鼓励他表达自我，倾听他的故事。
- 告诉他你在乎他。
- 你可以直接询问他是否正在考虑自杀。

- 你们可以讨论自杀，但不要把自杀视为自然的或唯一的解决方案。
- 谈论应对困境的其他办法。
- 询问有哪些方式可以减轻他的痛苦，或使他感觉到放松、愉悦或幸福。
- 增加陪伴，鼓励他与他人建立更多的连接。
- 鼓励运动、放松和冥想。
- 鼓励、陪同他寻求治疗或联系他的医生或治疗师。
- 鼓励他使用危机干预热线。
- 清除他所在环境内可能会导致自杀的任何药品、酒精、毒品及尖锐物品。
- 如果你发现他自杀的意图强烈，有具体的自杀计划，甚至已经为自杀做好了准备，自杀风险极高，需要尽快向专业机构求助，并安排24小时看护。

在自杀干预中的“不应该”

- 不应该对他进行劝告、给予建议、评论或说教。
- 不应该批评他的选择和行为。
- 不应该与他辩论自杀的利与弊。
- 不应该轻信他所说的“已经没事了”之类的话。
- 不应该否认他的自杀意念。
- 不应该试图使用“冲击疗法”。
- 不应该让他处于孤立和失联的状态。
- 不应该假装自己能应付或假装轻松。
- 不应该感到有责任解决他的问题。

• 不应该承诺为他保密自杀意图。

四、当他正在实施自杀时

1 给公众的建议

作为普通人，如果发现有人正在实施自杀，要怎么做呢？

不要让他独自待着！

在没有确保他会安全之前，不要给自己任何理由离开。在通常情况下，自杀行动不会在他人面前进行，在自杀行动进行过程中一旦被人发现，大多会中止，在没有受到叠加刺激的情况下，有很大的概率他会放弃自杀行动。

无论你说什么做什么，以“暂缓自杀行为”为目标！

如果他处于危险中（身处危险环境、身上有危险物品等），那么应当先使他远离当下的危险环境，或拿走可致命的物品。

找到机会立即报警/求助于医疗或其他专业机构/通知他人帮忙求助

例如，拨打北京心理援助24小时免费热线：800-810-1117（座机拨打）或010-82951332（手机拨打）。

2 避免以下四类言行

有一些言行，已经被很多惨痛的教训证明是有害的，以下四类言行你需要避免。

使用“激将法”，嘲讽他，或认为他是在作秀或吓唬人

当你说出：“有本事你跳啊！”等类似的话时，几乎等同于谋杀！

否定他的痛苦

当你说出：“多大点事儿啊，非得死？”“我比你还惨我都没死，你也太脆弱了！”时，对方可能会想：“好，你能干，你厉害，我无能我死还不行吗？”

与他争辩

此时不是争辩的时候，争执容易使人情绪激动，让他的情绪和行为更失控。

请在心中默念：“只要他能活下来，他说什么都行。”

认同自杀是解决问题的唯一方式

不否定不争辩，不代表无底线的认同。他想要自杀，其中一个原因就是，他相信当下没有其他的办法可以解决他的问题了，如果你也认同这一点，那他就更觉得自己别无选择了。

如果他相信自杀是唯一的答案，就意味着他有强烈的想要跳出现状（解决问题）的动机，为了让他能够有机会多表达一些，你可以说：“是什么样的问题，让你一定要用杀死自己的方式来解决呢？你可以和我说一说……”

3 写给专业工作者

如果你准备或有可能从事自杀危机干预工作，你需要知道对于自杀干预有很多不同视角的理论和策略，但没有哪一种方法是绝对正确和有效的。例如，奇利斯和斯特罗萨尔（Chiles&Strosahl）认为可以通过处理恐慌来降低致死性水平，并把造成恐慌状况的因素归纳为3个“I”——inescapable（无法摆脱）、intolerable（无法忍受）、interminable（无止境的），而干预工作的目标是通过改变一个甚至多个“I”，恢复当事人对生活的希望和控制感。而伯克（Berk）等人则认为，通过心理教育和解决问题改变破坏性和消极性的行为，是自杀干预的关键。你需要广泛地了解相关的理论假设，并系统地学习其中一些策略，完成相应的训练。这将提高你在危急时做出适当反应的概率，并降低伦理和法律上的风险。

如果你准备或有可能从事自杀危机干预工作，你需要知道自杀干预的目标其实并不是要“拯救”谁，所谓的干预成功也只是暂缓他自杀的行动，让他能有一个机会重新考虑如何生活及如何死亡，虽然绝大部分的人会庆幸自己还有这样的选择机会，但还是会有一些人决意自杀。

事实上，有五分之一到三分之一的心理学家、社会工作者和咨询师经历过来访者的自杀，这不仅给专业工作者带来严重的心理压力（自责、内疚、耗竭等），也使得专业工作者和其机构不得不面对复杂的法律问题和社会问题。因此，从事自杀危机干预的工作者，应该在专业机构的规范流程框架（内容应涉及危机个案识别、不伤害协议、报备、记录、保密例外处置、督导制度等）下工作，并获得专业督导的持续支持，这不仅是保护专业工作者和来访者的需要，也应该成为强制性的专业工作要求。

五、心理急救及其要点

1 什么是心理急救

心理急救是用来减轻灾难或危机事件所带来的痛苦，增强个体短期和长期功能性适应能力的方法。

心理急救是为正处在痛苦中的人们或需要支持的人们提供人道的、支持性的帮助。

你可以这样做：

- 将当事者安置在安全的环境中，照顾他的身体需要，让他的身体先平静下来。
- 给予实际的支持——水、食物、安全的环境、陪伴。不作无法兑现的承诺。

- 规则、制度、预案能带给我们控制感，让他知道确定的、具体的信息。
- 建立信任感：询问感受，真诚地表达你对于生命的珍惜与善意。
- 恢复安全感，尊重并保护当事人的自尊，倾听他，也允许他沉默。

2 心理急救时需注意的行为

- 不要去设想当事人曾经和正在经历的一切。
- 不要假设每个经历危机的人都会受到精神创伤。
- 不要进行病理判断。在经历了危机之后，很多激烈的反应都是可以理解、可以预料的。
- 不要将他们的反应归为“症状”，或者用“诊断”“病情”“病态”“障碍”之类的语言来描述。
- 不要用俯就的态度来跟他们交谈，或专注于他们的无助、虚弱、过失和疾病；尽量专注于他们在危机中和危机后帮助他人的举动。
- 不要假设每一个当事人都愿意交谈甚至需要与你交谈。通常以安静辅助的态度陪伴在他们的周围能给他们带来安全感。
- 不要询问危机事件过程的细节。
- 不要猜测甚至提供不准确的信息，如果你无法准确回答他的问题，应尽力去了解事实。

六、SAFER-R个人危机介入模式

SAFER-R个人危机介入模式，简单来说，就是在进行个人危机干预时可以按步骤使用的一种方法。由国际紧急事件压力基金会（International

Critical Incident Stress Foundation）的共同创办人埃弗利（Everly）在1995年提出，并在2015年进行了修正。

SAFER-R模式分为5个步骤。

Stabilize（稳定）：介绍、满足基本需求、减少压力源。

Acknowledge the crisis（承认危机）：事件、反应。

Facilitate understanding（增进理解）：使其理解其反应是正常的（正常化），促进有效的应对（行动机制）。

Encourage effective coping（鼓励有效的应对）：行动机制。

有效应对的行动机制包括：满足基本需求，联络/支持，宣泄，社会支持，提供资讯，压力管理，解决问题，冲突化解，认知重建，灵性的需求，经济方面的，反复确认，正常化，希望。

Recovery of Referral转介（在需要时）：转介到持续照顾的渠道。

举例▼

- 自我介绍。
- 满足基本需求，使其稳定，建立联系。
- 听故事（事件、反应）。
- 情绪反馈。
- 复述内容。
- 正常化。
- 把反应归因于当时情况，而非个人的弱点。
- 明确和增强个人压力管理工具的使用。
- 确认外部支持/应对的资源。
- 在适当时使用问题解决或者认知重建。

- 评估个人是否具有可以维持安全日常生活的能力。

七、自杀危机评估与介入模式：CCDR与SAFE-T

在EAP框架下提供的个人危机咨询或为组织成员提供的自杀危机干预，更常处理的是“一次性的自杀企图”，即危机干预顾问通过有框架的评估与介入模式完成以下工作：评估、处理恐慌、降低致死性水平、中断将要发生和正在进行的自杀企图、转介。这不同于在医疗机构进行心理治疗或专业机构长期的自杀危机管理项目，CCDR、SAFE-T（Suicide Assessment Five-step Evaluation and Triage）及类似干预策略并不适合于处理长期的、反复发生的或复杂的自杀行为。

CCDR并不是一个单独的自杀介入模式，而是嵌入在SAFER-R个人危机介入模式中的自杀介入思路，当危机干预顾问识别出自杀风险信号时可以参照这种简洁的思路进行工作，但在此之前，进行自杀干预工作的顾问必须接受过更为系统的训练。

CCDR包括以下4个步骤。

Clarify（澄清）：“你是真的想死吗？还是想要离开目前的困境？”

Contradict（坚持相反的意见，否认……的真实性）：通过指明（1）期望的结果无法实现；（2）自杀会造成的问题比解决的更多；（3）自杀会引发“涟漪效应”对他人产生不利和不希望的影响。

Delay（拖延）。

Refer转介：持续照顾（始终为其获得更高级别的照顾提供协助）。

SAFE-T作为一种自杀评估介入工具，最初由道格拉斯·雅各布斯（Douglas Jacobs）博士构思，根据美国精神病学协会（APA）对有自杀行为的患者进行评估和治疗的实践指南开发。当临床医生发现有自杀风险的病人时，可以按照以下步骤获得指引：

Identify Risk Factors（识别风险因素）：注意那些可以被干预和降低风险的因素。

Identify Protective Factors（识别保护性因素）：注意那些可以被加强的因素。保护性因素不能抵消重大的急性风险。

Conduct Suicide Inquiry（进行自杀风险评估）：包括自杀的想法、计划、行为和意图。

Determine Risk Level/Intervention（确定风险等级/干预措施）：确定风险等级并选择相应的干预措施以解决和降低风险。自杀风险等级评估参考表3-4。应注意的是，此表格由美国药物滥用和精神健康服务管理局（SAMHSA）提供给临床医生使用，因此干预措施部分参考性不强，危机管理团队应根据实际情况进行重新设计。

表3-4　自杀风险评估表

风险等级	风险/保护性因素	自杀风险	可能的干预措施
高	严重精神疾病的诊断或症状；突发重大应激事件；没有保护性因素	曾经自杀未遂；强烈而持续的自杀想法；有自杀计划、准备并尝试过	除非有显著的改变可以降低风险，否则一般需要入院。自杀预防措施
中	风险性因素多；保护性因素少	有想法，有计划，但犹豫不决，没有尝试过	可能需要入院，具体取决于风险性因素。制订危机管理计划。提供紧急/危机援助电话号码
低	可降低的风险性因素；强有力的保护性因素	只是有想法，没有计划，没下定决心，也没有尝试过	转介，减轻症状。提供紧急/危机援助电话号码

注：此表是用来表示一系列的风险等级和干预措施的，并不是实际的决定。

Document（记录）：风险性评估，合理性的根据，干预措施和后续行动。

可以从美国药物滥用和精神健康服务管理局的网站上查询和下载SAFE-T简易指南（SAFE-T Pocket Card：Suicide Assessment Five-Step Evaluation and Triage for Clinicians）：https://store.samhsa.gov/product/SAFE-T-Pocket-Card-Suicide-Assessment-Five-Step-Evaluation-and-Triage-for-Clinicians/sma09-4432。

八、如何在自杀危机咨询中使用不伤害合约

对于是否应该使用以及该如何使用不伤害合约，在心理学界存在着很多担忧和质疑，反对者认为，合约用一个人不应该做什么代替了应该做什么，并且如果一个人开始为不遵守合约感到愧疚并且最终停止治疗的话，合约的实用性就会受到质疑。美国精神医学学会声明，不自杀合约不能被用于自杀风险高的患者身上。因为他们认为不伤害合约的作用不过是让干预者在医疗事故诉讼中受到保护而已，这有可能使得干预者降低对自杀高风险者的谨慎行动。支持者认为，来访者能够与咨询师订立合约本身就是一个积极的行动，它能够传递关心，并有助于建立一种治疗同盟关系，不伤害合约的存在也让咨询师感觉到更安全，很少有来访者会违背合约承诺。在老年群体中，当不伤害合约与改善计划配合使用时非常有效。

在EAP框架下提供的咨询或为组织成员提供的自杀危机干预中，对于有明确自杀意念的来访者，不伤害合约的规范使用是必须的，且应该包含在清晰完整的自杀危机评估与干预流程预案中。除此之外，咨询师需要对自杀危机个案的干预过程进行完整的记录，内容包括：风险性/保护性因素评估、自杀风险评估、干预策略、跟进行动、与来访者达成的改善计划、不伤害合约，以及来访者的合约行为依从度评估等。

不伤害合约范例

不伤害合约

我______（来访者姓名）与______（顾问姓名）达成约定：在未来__（时间期限）内，我不会做出伤害自己或他人的行为。

当我有要伤害自己或他人的冲动时，我会采取以下的行动来应对（具体行动列表）：

____

____

我会与你联系并交谈，我可以通过__________（联系方式）联系你。假如我无法联系到你，那不是违背合约的借口，我将拨打自杀干预热线：__________（联系方式）并与他们交谈。

我知道此合约的订立目的是保护我与他人免受伤害。当我的顾问确认我或他人处于危险当中时，他可以打破保密协议，采取必要的行动来保护我和他人。

日期：　　签名（来访者）：

日期：　　签名（顾　问）：

九、关于危机事件团体应激晤谈（CISD）的5个问题

1 什么是CISD

杰弗里·T.米切尔（Jeffrey T. Mitchell）在1974年首先提出了危机事件团体应激晤谈（Critical Incident Stress Debriefing，CISD，在我国被翻译成“紧急事件集体减压”“重大压力事件团体解说法”）的概念，并于

1983年在紧急医疗服务期刊上发表。CISD实际上是一种在重大事件发生后的初期阶段，为“同质性人群”提供的小型互动团体支持流程，专注于在创伤性压力之后建立团体的复原力。最初在消防员、警察、救援队、军队中使用，因其具有较强的操作性和逻辑上的有效性，后被广泛运用到学校、政府、公司、工厂等组织的危机事件响应当中，甚至达到了“流行”的程度，在我国，CISD一度被等同于危机小组干预。但其中很多使用者没有受过正式的CISD训练，这导致一些学者批评CISD被不分场合和对象地滥用和误用，并提示类似的早期干预可能会造成部分个体（如高唤醒状态个体）的情况恶化。

因此，相关人员应该在受过正规训练和有认证的情况下被使用CISD。通过ICISF的网站https://icisf.org/可以查询到CISD的相关资料和培训认证信息。

2 CISD的三个目标

- 缓解因经历或接触危机/创伤性事件带来的影响。
- 促进正常人在经历了异常事件后的正常反应恢复过程。
- 识别在同质性小组内可能需要额外支持或转介的成员。

3 使用CISD的三个标准条件

- 同质性[①]小组。
- 危机事件已经结束，或危机相关的任务/工作已经完成。

---

① 如何识别同质性人群：1.在经历创伤性事件之前，小组成员相互之间已经有关系。2.有着共同的经历，包括经历或接触了相同的创伤性事件。3.在过去有着充足的相处时间，以至于那些小组成员会被认为是一个个体。

- 小组成员在危机事件中经历过相同程度的创伤性暴露。

❹ CISD使用的禁忌

- CISD不能用于“非同质人群”。
- CISD的使用对象是两人以上的团体而非个体，并遵循排除标准[①]。
- CISD不能用于严重创伤的对象。
- CISD不应由未经过训练的人使用，或不按标准流程进行。
- CISD不是用来批判或调查的。
- CISD不是心理治疗或心理治疗的替代/支持手段。
- CISD不是一项独立的干预，而是危机干预策略中的一个组成部分。
- CISD通常不在危机发生后的24小时内使用。

❺ CISD的七个步骤

CISD中讨论的所有内容都应当是保密的，需在一个能够保证安全和私密性的场所进行。危机发生后24—72小时是使用CISD的最佳时间，根据小组人数的多少和创伤强度持续1—3小时。通常一个5—7人的CISD小组至少由两位危机响应小组成员带领，其中一位是受过专业训练的心理顾问，另一位是支持顾问。标准的CISD要求小组成员及带领者围坐成圆圈或使用圆形的会议桌，对于座位的安排根据不同的小组人数也有相应的设置。2007年修订过的CISD分为以下7个步骤。

- 介绍：带领者和小组成员相互认识、介绍基本的流程规则（包括

---

① CISD使用对象排除标准：受伤的、受到严重冲击的、生病的、身体疼痛的、正在使用药物的、有精神病迹象的、有自杀倾向的、住院的、丧亲者、极度疲乏的、有严重的情绪困扰的、脆弱的/虚弱的/情绪激动的、面对压倒性财产损失的、高阻抗者。

CISD是什么、不是什么，小组工作的流程和规则，保密承诺，等等）

- **简要情况回顾**：给小组成员机会简要地描述他们经历了什么，并不需要过多的细节。
- **事件的第一印象**：印象可以是想法，也可以是情绪感受。通过对事件的思考，经历从认知领域到情感领域的过渡。
- **个人最能感到压力的部分**：这是包含最多情绪因素的阶段，并不需要完全开放地表达情绪，而应坦诚地对经历进行讨论。例如："当时是什么让你感到最有压力或不安？"
- **压力信号**：通过讨论危机后的认知、心理、情绪和行为的反应，确认那些应激反应的正常性和普遍性。例："这次的事件之后你的身体、情绪或生活发生了什么样的变化？"
- **压力管理信息和恢复指南**：这是CISD里最重要的阶段，心理顾问可以通过回顾之前几个阶段讨论的内容，来解释和正常化那些应激反应，并为小组成员提供一些压力管理的资讯和策略。
- **小结**：回答小组成员的疑问，对CISD进行总结，提供获得其他支持资源的方式。

开场白练习▼

（1）每个人写下一段开场白（要求：使用口语），轮流在小组中讲述，小组成员给予反馈。

（2）总结你们小组认为最有必要在开场白中讲述的十句话。

开场白的内容，包括但不限于：

- 介绍你与团队。
- 我们在这里是因为……

- 这不是……，这是……
- 这是讨论，不是批评或者追究责任。
- 我们这样做可能会有……效果。
- 保密规则、小组规则。
- 进行方式：小组成员轮流对两个问题进行表述，不强制发言，但建议进行表述。
- 鼓励讲述与说明讲述的好处。
- 个别交流机会或支持资源推荐。

十、小组干预的有效因子有哪些

欧文·亚隆（Irvin Yalom，2010）认为改变是在互动中发生的复杂过程，他概括了11个团体的“疗效因子”（therapeutic factors）：注入希望、普遍性、传递信息、利他主义、原生家庭的矫正性重现、行为模仿、人际学习、社会化技能的发展、团体凝聚力、宣泄和存在因素。米切尔也曾引用亚隆的部分观点，但他认为CISD之所以有效，是基于一些已经被心理学研究证实的行动机制：

- 及早干预。
- 宣泄机会。
- 用语言来描述创伤性事件的机会。
- 结构化的框架。
- 团体支持。
- 同辈支持。
- 识别/回访的机会。

作为专业的危机工作者，了解团体有效的原因和动力过程是在规范程序下进行灵活反应和操作的基础。同时我们也需要知道团体危机干预（Group Crisis Intervention，GCI）根据其对象、目标和情境的不同，在操作程序和规则上也会有所差异，没有一个团体能脱离危机的背景和其所处的环境而独立存在。在对群体进行危机干预时，互动式小组干预只是其中的一种选择，而CISD只是互动式减压小组的一种流程形式，只有在完整的危机管理框架下进行的团体危机干预才是真正专业和安全的。

十一、危机后常见的应激反应

每个自杀者，至少会影响周围的6个人，使他们经历极度的悲伤，其中一些人可能会需要从系统的哀伤辅导/治疗（详见本书第二部分关于“延长哀伤障碍”的介绍）中获得帮助，但更多的人会在经历或只是听说自杀事件后，产生一系列身心反应，这些反应被称为应激反应（stress response），是指人类在感觉进入了危险的、非正常的情境时，所产生的一种“正常身心反应”，只要在一定的时间和程度范围内，都不是病，也不需要治疗。

当我们经历、目睹、感受到危险（或非正常情况）时，我们的大脑就快速、自动地启动了预警系统：负责为我们感知到的事物赋予情感意义的杏仁核、负责控制行为冲动压抑习得性恐惧反应的前额叶、下丘脑能够释放促肾上腺皮质释放因子（CRF）以刺激垂体，垂体则释放促肾上腺皮质激素（ACTH），垂体释放的促肾上腺皮质激素作用于肾上腺，促进了皮质醇的产生。皮质醇水平的增高使得全身肾上腺素水平升高。

大脑的这波操作之后，我们就可能产生一系列的生理和心理反应，包括：

心率加快、呼吸短促、流汗、虚弱、眩晕、肌肉紧张、消化系统紊乱、头疼、皮疹；

恐惧、愤怒（迁怒）、焦虑、抑郁、内疚、自责、悲观；

持续性注意能力下降，注意资源受到限制，工作记忆能力、执行控制能力受到破坏，情绪调控能力下降；从目标导向的行为策略转向习惯化的行为反应。

这些反应也会反映在我们的日常行为上：睡眠问题、食欲变化、烟酒过量、坐立不安、易激惹等。

通常随着事件结束和日常工作生活节律的恢复，如果不出现新的刺激因素，在人类强大的心理适应调节机制下，以上反应通常会在一周到四周慢慢缓解。

对于组织来说，在危机事件发生后，需要知道组织成员出现应激反应是正常的，评估应激反应可能带来的实际工作效能和组织层面的影响，并及时做出适当的应对行动是必要的。在制定组织应对危机的行动策略时，需要考虑个体情况的特异性，应激状态也可能会成为某些更严重心理问题的诱发因素。要优先进行岗位安全风险和个体次生心理风险的排查工作。

十二、人的应激反应差异受哪些因素影响

人们经历危机事件后的应激反应程度是有差异的，有些人反应比较轻微，有些人则会有比较强烈的反应，造成差异的原因与以下这些因素有关：

- 危机事件的性质及严重程度。
- 危机事件与个体的关系密切程度。
- 过往经历。

- 支持系统。
- 身体健康状况。
- 心理健康状况与家族精神状况史。
- 社会文化环境与风俗。
- 年龄。

十三、危机后给个人的恢复建议

在危机个体干预或团队干预过程中，探寻到当事人有如下应对策略的，危机顾问可给予肯定和强化。以下内容可以作为个体向管理者寻求恢复建议时的通用建议，或作为组织成员间的互助建议。根据组织的实际情况，部分内容也可以作为危机后压力管理的科普宣传使用。

危机后个人恢复建议：

- 事件刚发生时的"恍惚感"是正常和暂时的，但如果觉得恍惚，应避免自己处于有危险的环境（如施工现场），或从事高风险性的行为（如驾驶），还需要确保自己不会忘记重要的事情（如吃降压药）。
- 当感觉到注意力和反应力明显下降时，应主动告知组织，近期不宜从事高风险性工作。
- 接纳自己在一段时间内可能出现的注意力、记忆力、反应力等认知能力下降的正常反应，调整工作节奏与方式，如更多地使用工具、用笔记代替脑记、列出任务清单等。与相关同事沟通你的现状，找到目前更有效的合作方式。
- 接纳自己在一段时间内可能出现的情绪、感受异常波动的正常反应，主动寻求家人、朋友等的支持陪伴，适当倾诉。

- 可以与家人、朋友、专业顾问等谈论对危机事件的感受与想法，听听不同的观点，也可以谈论事件的发生对自己的影响，尝试从多个角度思考问题，特别是那些引起自己强烈情绪感受的事件。
- 保持正常的作息，通过正常的工作生活节律恢复稳定感。
- 增加身体活动，帮助身体代谢应激状态过量分泌的体内激素。但近期不宜进行高对抗或高风险性的体育运动。
- 有条件的话多晒晒太阳，温暖的阳光能帮助身体分泌使人平静和愉悦的激素。
- 因突发事件可能会对我们的底层信念造成冲击，在3—6个月内做重大的决定时需更为慎重。
- 4周后状态仍无好转，或当下状态严重影响日常生活与工作时，应当寻求专业支持。

第四部分

如何在组织中专业地传递坏消息

所谓“坏消息”，是指那些让被传递者在感受上或实际上有一定损失（包括财产、利益、声誉、自尊等丧失）的消息，组织中的“坏消息”不单单指裁员，也包括降薪、处分、绩效面谈、病假面谈等。而裁员（解聘）是所有传递坏消息的工作当中最有挑战性的。

为了更好地理解本部分内容，我们先来看看三个传递坏消息的案例。

案例1：一家知名互联网企业的管理者与员工做完解聘面谈后，被裁员工多次打电话骚扰威胁，管理者感到非常困扰和害怕，于是向心理顾问咨询。在咨询中，经过收集信息，发现该员工在被裁之前已经有明显的绩效下滑及一些异常表现（包括情绪异常和行为异常），同时该员工的家庭也遇到一些重大变故。在这种情况下，这个个案却是通过远程电话的方式进行的裁员沟通。

管理者自己也坦言，之前已经意识到鉴于员工当时的状况，远程沟通的方式可能会有风险隐患。那么，是什么让管理者意识到了风险却仍然选择远程沟通方式呢？

案例2：员工因为长期生病，一直处于病休状态，对其个人的经济收入造成一定影响，同事们想给其捐款，但该员工自尊心很强，拒不接受捐款。同时，因为久病员工一直占用编制，部门无法增加人手，造成其他同事需要长期超量工作，于是公司希望通过给予高额补偿金的解聘方案，一方面解除该员工对编制的占用，另一方面缓解该员工在经济上的困境。然而负责解聘沟通的管理者认为员工对公司一定有很深的感情，自己很难向员工去传达公司的解聘消息，但这又是他的职责所在，他不得不去做这次解聘面谈，面谈时间就安排在员工回来办理病假手续的那天。

在咨询中，管理者向顾问提出了一个经典的问题："我在跟他谈解聘时，需不需要先进行一番寒暄？"

案例3：一位高管在某知名外资企业工作了十多年，但因公司业务变化，高管原来擅长的业务被取消，换了几次岗位之后绩效一直不理想，并且其过于情绪化的表现导致公司内部人际关系很紧张，在绩效谈话后该高管还有过摔东西等冲动行为。因此，公司最终决定对其进行解聘。但该高管在听到一些风声后，并不愿意离开公司，开始在公司内部找老领导求情，威胁要把事情闹大，利用其高管身份在小群体中散布公司要"整人"的言论，希望以软硬兼施的方式改变公司的决定。而公司也意识到了这次解聘事件所存在的风险，成立了由HR、管理者、法务、心理顾问、安保组成的专项小组，共同讨论事件风险、被解聘高管的心理状态和可能的反应，以及如何确保其在面谈过程中感觉到最大的尊重，同时表达出公司的遗憾。心理顾问也提示，该高管这样"费尽心思"地想要留在公司，说明这份工作对他来说是很重要的，被解聘对其而言不仅是失去一份工作，也是要将与公司十多年的情感关系做一个了结。小组成员对此都表示认同，可是，面对这种情绪行为极不稳定，且存在明显对抗阻力的个体的解聘面谈要怎么做呢？

以上三个案例在公司背景、裁员原因、情景、坏消息接收者（裁员对象）的特点、坏消息传递者（管理者或HR）所困扰的问题上都各不相同，但其中的一些关键部分是相同的：坏消息传递者和接收者的心理感受、心理过程有各自的共同点，传递坏消息都需要遵循一些原则，这些困难的谈话可以按步骤进行，组织可以通过体现公平来传递尊重，对于那些激烈或危险的情绪反应应该有恰当的回应，某些有风险的情境可以提前识别。这些问题会在本部分的前半段与大家讨论。而在本部分的后半段，我们将会看到“批量传递坏消息”的情境。我们将通过一个组织变革中的规模裁员案例来具体了解如何对危机情境进行初步评估，心理支持团队在规模裁员项目中的操作细节，以及在变革后期或危机后可以做些什么来增强组织的复原力。

一、在组织中传递“坏消息”的三个原则

我在从事心理工作之前，曾从事过5年的法律工作，所以我有机会分别以法律顾问和心理顾问的角色介入裁员事件当中。以这两种角色参与裁员项目的感受是非常不一样的，在以法律顾问的身份介入时，更多关注的是裁员项目的合法性，包括程序、补偿方案、流程等的合法性；而作为心理顾问介入企业裁员支持时，除了确认裁员的合法性，要更多地关注裁员的合理性、合情性，也就是如何让经历裁员事件的人——无论是传递坏消息的人，还是接收坏消息的人（被裁员者），都能在这个艰难的过程中感受到尊重和关怀。如果把这两个角色所关注的重点结合起来，就是每个组织在进行传递坏消息的工作时所需要遵守的三个原则：合法（底线）、合理（起点）、合情（过程）。

合法：裁员的合法性是底线。

合理：对于裁员的初衷，为什么要裁员，裁员的规则是如何确定的等问题，需要有一个合乎常理的、一致的答案。

合情：裁员是一件很艰难的事情，在裁员的过程中要照顾到参与者的感受，尊重人在面对变化时的正常情绪反应和情绪变化的过程，并提

供相应的支持，而不是简单粗暴地走程序。上面提到的第三个案例，如果企业无视高管当时的情绪状态和言行表现方面发出的风险信号，只是正常地“走程序”，让HR与高管例行公事地进行离职面谈后按法律规定办理，在法与理上虽没有什么过错，但企业这种生硬的解聘过程，很有可能激化当事者原有的心理问题，增加其采取极端对抗行为和危及自身安全行为的危机发生概率。案例3中的企业成立了专项小组，仔细梳理了整个解聘过程的风险点，制定了应急预案，心理顾问与当天要进行面谈的HR和管理者进行了面谈心理准备，整个面谈过程进行了近6个小时，这远远超出了常规面谈的时间，却是符合当事高管当时心理需要的时间，在面谈的过程中不仅仅是解答当事高管的一些问题，更多的时候是在回应和支持他的情绪。在面谈结束时，确认当事高管的情绪状态相对平稳，并能够安全地回到家中。在接下来的一段时间内，也有同事持续地与该高管接触，协助其办理手续，关心其在过渡期的家人支持和生涯规划。最终，这一极有可能引发心理危机和舆论危机的解聘工作平稳地完成。这并不只是因为专项工作团队的“技术”有多好，而是企业对于风险管理有正确的意识，并通过行动践行了“以人为本”的企业价值观。整个工作团队虽然感受到了传递坏消息工作的困难和辛苦，但也体会到了自身工作的价值，感受到了企业对每一个员工的尊重和关怀，对企业有了更深的认同感。

二、传递者与接收者会有怎样的情绪反应

无论是坏消息的传递者还是接收者，都会在传递过程中感到压力。特别是那些被迫接受或事发突然的情况，坏消息的接收者普遍会觉得自尊和自信心受损、对未来担忧，有些人会表现得更为防御，甚至对抗。

另外，接收者本身的负性特质或正在经历的某些不利情境，会使得他们在应对变化时更为敏感，当他们没有感受到公平、平等和尊重时，更容易表现出愤怒、悲伤、绝望等较为极端的情绪反应。

传递者也会因为要传递坏消息而感到有负担，认为让自己承担传递坏消息的责任是不公平的，预期员工在听到坏消息之后的消极反应而延迟、犹豫、有罪恶感或愧疚感，担心会损害自己的形象，感到信心不足，有无力感，对员工的反应感到害怕，等等。以上感受都是很正常的，大部分人都有类似的感受。这也是人们不愿做坏消息传递者的原因。他们的担忧也是合理的，事实上，由于在传达坏消息时不够公正，或对员工的反应不敏感，没有给予及时恰当的回应而导致员工的负面反应更加激烈的情况常常发生，这一现象也已经被多项组织行为学研究证实。

德国萨尔兰德大学的研究者从医生向病人传递坏消息的做法中获得启发，他们通过实验发现，对组织中那些需要去传递坏消息的HR和管理者进行训练，可以在很大程度上提高他们传递坏消息的效率和表现，并且有效减少传递者和被传递者的消极感受和反应。训练的内容包括两个模块：

（1）如何传递坏消息？

（2）如何在传递坏消息的时候体现公平？

三、坏消息的传递者如何明确自己的角色和责任

在如何传递坏消息的模块中，首先要做的是帮助坏消息的传递者明确自己的角色及责任。即帮助传递者明确自己的工作责任之一就是去传递该坏消息，他们不是坏消息的制造者，他们这样做并不是为了伤害任

何人，而是为了组织发展的需要。这是“日常工作”，也是一项艰难的、存在风险的工作。

我们可以通过一些方式帮助传递者完成角色确认。下面我们以离职面谈为例，试着做一个小练习。作为坏消息的传递者，你在离职面谈中的角色是什么？请从下面的角色中选出你认为适合的5个角色，如果除了以下这些角色，还有其他你认为适合的角色也可以写下来：

________、________、________、________、________。

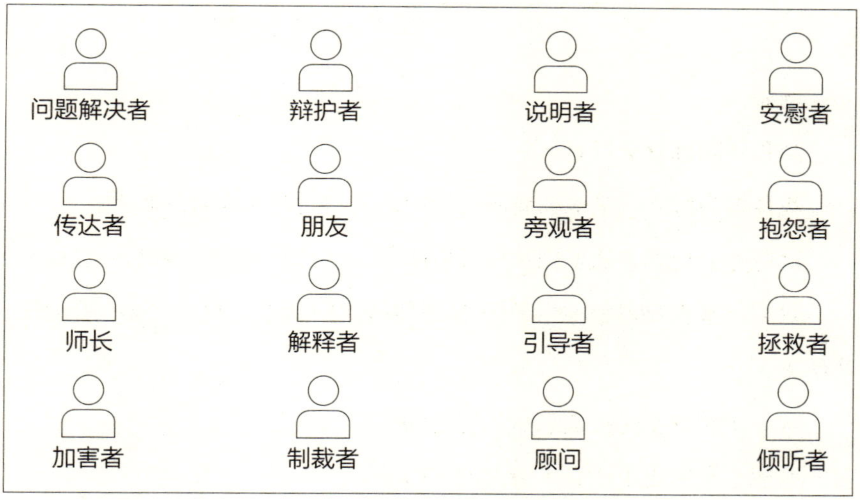

你的选择并没有对错之分，但需要注意的是，你选择以什么样的角色进行面谈，会影响你在面谈中所呈现出的状态和行为，进而影响对方的反应，以及你们之间的互动。下面我们再通过进一步的练习，来澄清你所选择的角色在面谈中会产生何种影响。

练习 ▼

当我是＿＿＿＿＿＿＿＿时，

我会＿＿＿＿＿＿＿＿＿＿＿＿＿＿＿＿＿＿＿＿＿＿，

这可能会让对方感觉到＿＿＿＿＿＿＿＿＿＿＿＿＿＿＿，

对方可能会＿＿＿＿＿＿＿＿＿＿＿＿＿＿＿＿＿＿＿＿，

这对于对方接受坏消息是（有益的/无益的），

这对于我完成工作是（有益的/无益的），

因为＿＿＿＿＿＿＿＿＿＿＿＿＿＿＿＿＿＿＿＿＿＿＿。

例如：

当我是问题解决者时，

我会把为对方解决他在离职过程中遇到的问题当成我的职责，

这可能会让对方感觉到我是可依赖的，或者我有责任解决他的问题，

对方可能会把注意力放在让我帮他解决问题上，提出更多的问题让我解决，

这对于对方接受坏消息是（~~有益的~~/无益的），

这对于我完成工作是（~~有益的~~/无益的），

因为我不可能代替他解决所有的问题，他需要找到自己的资源，用自己的方式和节奏来应对当下的困境。我的过度介入可能会延缓他运用自己的资源和能力来应对问题的节奏。我可以提供协助，但不能是他的问题解决者。

注意：

（1）要区分你所认为的“应该的”和“实际的”角色。例如，我可

能认为自己应该是“传达者”，但实际上在面谈中我常常以“辩护者”的角色在工作。

（2）传递者的角色受到被传递者的期待的影响。例如，当被传递者期待获得帮助，表现出无助和依赖时，传递者可能就会被放置到“拯救者”的位置上。

在实践中，我们看到对于坏消息的传递者来说，在离职面谈中有一些相对安全的角色，在大多数情境下这些角色对于传递者完成工作更有益处。

传达者——你不是坏消息本身，也不是坏消息的制造者。

解释者——向当事者解释事情的背景以及与其相关的细节。

说明者——说明当事者可以获得的补偿方案及其他支持性资源。

引导者——引导当事者面对现实，将注意力放在接下来的规划和行动上。

倾听者——这是一个常常被忘记的重要角色，好的倾听者会帮助当事者表达想法和感受，让当事者感觉到自己的情绪被看见和听到。

四、如何运用“底层逻辑ABC法”完成面谈前的心理准备

在澄清了自己进行坏消息面谈时的身份和角色之后，传递者还可以运用“底层逻辑ABC法”对自己情绪反应背后的底层逻辑有所觉察。A代表具体的事件或对象；B代表自己对事件的反应，这个反应可以是情绪、看法、态度或综合的反应；C代表自己这样反应的底层逻辑。这里的假设是，我们的反应并不是由某个具体的事件引起的，而是这个事件触发了我们内在的、不易被觉察的、隐匿在自我价值体系底层的自动化

思维，于是我们就会对这个触发事件有过度的或不适应的反应。“底层逻辑ABC法”的句式如下：

A：具体事情
B：反应（情绪、看法、态度）
C：底层逻辑

我对于_____A_____，感觉到_____B_____，

这其实跟_____A_____并没有关系，

我真正_____B_____的是_____C_____。

例如，小S对于被家人催婚这件事特别反感，家人只是出于关心偶尔问及他的情感状态，他就表现得非常抵触和厌烦，最后使得谈话不欢而散。家人不理解，只是关心一下他，他怎么就这么敏感，他自己也觉得其实没必要反应这么大，但情绪一上来了就控制不住自己。

小S按上面的格式试着探寻自己反应过度的“底层逻辑”是什么：

我对于（A=被催婚这件事），感觉到（B=反感、厌烦、抵触），

这其实跟（A=被催婚这件事）并没有关系，

我真正（B=反感、厌烦、抵触）的是（C=被别人控制的感觉/面对自己没人爱的事实/觉得自己很无能）。

原来，在小S的自动化思维中，“被催婚”的事件触发了他“被别

人控制”“自己没人爱”“自己很无能”的自我认知，这才是他真正不想面对的。他一方面认为对自己的婚姻选择应该可以不受他人影响地、顺其自然地、自主地决定，另一方面他确实对自己是不是不被爱或没有能力去组建家庭感到担忧和恐惧。有了这样的觉察，他也更理解自己，有机会去处理这部分自我认知的矛盾和纠结，而不是简单地将这部分的认知冲突外化到与家人的冲突中，通过对家人催婚表示过于强烈的反感和抵触来表达未被自己觉察和处理的这部分感受。

同样，“底层逻辑ABC法”也可以运用到坏消息传递者的心理准备过程中。如果我们觉察到自己对于将要进行的传递坏消息的工作有一些不舒服的反应或比较强烈的反应，那么我们也可以试着来做做下面的探寻练习。以解聘面谈为例。

A=解聘面谈

B=你对解聘面谈的反应（情绪、看法、态度）

C=底层逻辑

探寻句式：

我对于（A=解聘面谈），感觉到（B=______________），

这其实跟（A=解聘面谈）并没有关系，

我真正（B=______________）的是（C=__________________________）。

很多管理者表示他们在完成这样的练习后，更加理解自己，对自己做出不当反应的担忧降低了，也更有信心完成传递坏消息的工作。

这是一种面对困难的工作或情境时，简易的心理调节方法，不需要特别专业的操作，也没有什么风险，可以应用在很多场景中。当然，我也很希望有需要的读者将探寻的结果与专业的咨询顾问一起讨论，或者

在咨询顾问的参与下共同进行这样的探寻尝试。当传递者能够认清自己在传递坏消息工作中的角色和职责，觉察并理解自己对传递坏消息工作的反应并做好心理准备时，他们也就能够理解这项“不得不做”的工作的意义和价值。这时，传递者并不需要太多的技巧，就可以自然而然地表达出对当事人的尊重和关怀。

五、传递坏消息的6个步骤

除了澄清传递者的工作角色，在如何传递坏消息的模块中，规范化的坏消息传递步骤，对于减轻传递者的压力有显著效果。

研究者借鉴医生向病人传递坏消息的有效过程，认为在组织环境中传递坏消息也是有一系列的步骤可以遵循的。

步骤1：准备工作。

熟悉面谈室周边的环境。准备好面谈室的环境，包括：排除有危险的物品（削尖的铅笔、裁纸刀、玻璃杯、桌面盆栽等），常用物品的检查（矿泉水/温水、纸巾、便笺、笔等）。

步骤2：开门见山。

即在谈话的一开始就将坏消息传递出去。有些研究者认为，在常规的坏消息面谈中，可以在5句话之内将消息传递完毕。案例2中，管理者提出是否需要寒暄的问题，实际上是管理者自己的需要，他不知道如何开口，在底层逻辑里认为解聘的消息会对员工造成伤害，所以希望通过寒暄来缓解自己的紧张情绪，创造和谐的谈话氛围。实际上，寒暄的话语在通常情况下对于坏消息的接收者来说，并不能起到放松情绪、缓和氛围的作用，对于那些对坏消息毫无准备的接收者，过度的寒暄反而会混淆接收者对谈话重点的理解，在听到坏消息时感到更为突然。而对于那些已经对传递坏消息的谈话内容有所预期的谈话者，“前戏”过长会挑战他们的耐心，甚至激起他们愤怒的情绪。

以裁员面谈为例，常规的开场白结构如下：

原因—决定—肯定/感谢—等待/邀请

范例：

“近两年市场环境不好，公司的效益一直不佳，订单量下降明显，处境很艰难，再这样继续下去公司的经营也难以维持了。（原因：现实的、理性的、不得已的）

“所以公司决定进行架构调整，重新整合业务，缩减成本，你所在的业务线将整体关闭……（决定：非个人的、有规则的、有标准的）

“我们知道你从进公司以来在工作上很认真、努力，很感谢你一直以来的付出，做出这样的决定，对公司来说也是非常遗憾的。”（肯定/感谢：真诚的、适当的、节制的）

表述完以上内容后，可以稍作停顿，一些员工会主动提出疑问或做出反应，需要给这部分员工表达自己想法与感受的时间和空间。也有一些员工表现得虽然比较理性但相对被动，这时面谈者可以邀请员工进入下一个环节。

“这是大致的情况，或许你会有一些细节上的问题，我们可以一起来讨论……”（等待/邀请）

步骤3：回应与解释。

员工提出的问题可以分为两类：一类是相对理性的现实型问题，例如，赔偿金的计算方法，办理离职手续的时间、流程，转岗方案，有没有内部岗位推荐，保险税务问题，等等。即使员工在一些问题上与面谈者进行“讨价还价”，也是基于现实层面的思考，这意味着员工已经开始为职业转变做准备。对于这些问题，企业需要提前为面谈者准备好一致的、标准的“常见问题答疑录”，同时需要统一面谈者遇到答疑录里没有的问题时的处理流程。例如，当面谈者遇到无法回答的问题时，可以记录下来，报备给变革管理项目组，变革管理项目组会在三天内给予答复。面谈者在记录下无法回答的问题的同时，也会告诉员工之后会如何处理这些问题，他们会通过什么方式、在什么时间内得到回复，同时说明解聘的流程手续还是会正常进行。

另一类问题是宣泄型问题。例如：“为什么解聘我，而不解聘××，他的绩效比我更差。”“你们凭什么只给N+1，上个月走的都给了N+2。”“为什么才给一个月的缓冲时间？现在这个市场环境一个月根本找不到新工作。”“你说这个业务为什么一定要关掉？肯定还有其他办法啊。”员工提出这类问题主要是用来表达自己的情绪、情感和态度，重点并不是要在现实层面与面谈者对此进行讨论。对于这类问题，面谈者常常会因为感觉到被挑战或被指责而进行辩解，甚至与员工争论，企图通过讲道理“说服”对方，但结局往往事与愿违，还有可能激化情绪，引发冲突。因此，面对员工的疑问，要识别出是现实型问题还是宣泄型问题，对于宣泄型问题，重要的是认真地倾听他们的问题背后要表达的情绪和感受，帮助员工处理情绪。

步骤4：处理情绪。

虽然每个人在面对变化的时候，都会有正常的情绪反应，但大部分员工自己能够对这些情绪反应进行处理，以“更理性”的方式接受和面对裁员事件，特别是在当代社会对裁员的认知趋于正常化和合理化的大背景下。这使得面谈者能够顺利地完成大部分的工作。但总会有各种各样的原因，使得一些员工在面谈的过程中表现出更为明显的保护性情绪，其中少数员工的情绪反应会非常激烈。那么，什么是保护性情绪呢？我们常常会把愤怒、悲伤、沮丧、担忧、恐惧等情绪称为消极情绪或负面情绪，实际上这些情绪对人类来说，不仅不消极，反而在保护人类免受伤害方面有着积极的意义。比如，恐惧使得我们远离危险，愤怒帮助我们澄清边界，悲伤促使我们在记忆里完成告别，忧郁让我们慢下来向内看。因此，积极心理学家把这些情绪称为“保护性情绪”。作为面谈者，首先，我们需要知道在面对变化的时刻，员工表现出保护性情绪反应是非常正常的；其次，当观察到员工的保护性情绪能量高于他自身的理性能量时，我们可以通过“三要三不”原则来帮助他。

三要：要倾听话语背后的心理需要，要认可情绪情感的真实性，要温柔而坚定地建立边界。老话常说“听话听音”，只有听懂了话语背后的心理需要，才能给予员工适当的回应。承认对方情绪情感的真实性是表达共情的第一步，但同理情绪不代表要完全认同对方的观点，甚至无底线地退让，在照顾对方心理需求的同时，还要澄清边界，表明立场。清晰的边界能降低对方对结果改变的预期，减少无谓的尝试和消耗，对面谈双方都是更有益的。

一位HR学员曾在课上分享了他在裁员面谈中的案例。该学员所在公司因为架构变动，一些岗位被取消，被取消岗位的一部分员工要面临转岗，另一部分员工则要面临解聘。当时，有一位员工绩效表现在中上水平，但在团队合作中总是自视过高，不能接受别人的意见，常常和同事发生冲突，转岗部门不愿意接收他，最后只能决定将其解聘。该员工的主管和HR两人与员工做解聘面谈时，员工听到解聘决定后用很强硬的口气质问："我绩效这么好，你们凭什么解聘我？"当时员工的主管回答道："转岗是要有部门接收的，转岗部门不愿意接收你，我们也没有办法。"该员工听到后非常生气，与主管争论起来，最后还投诉到了公司高层和劳动仲裁部门。

我觉得这个案例很有代表性，于是邀请学员们来思考：员工当时那个问题背后的心理需要是什么？管理者的回答是事实，那为什么会激怒员工？如果你在现场会如何回答？现在我也邀请各位读者先来想一想。

先看第一个问题。我们能够感觉到员工对于自己会被解聘这个决定是有些意外的，他可能认为自己绩效不错，理应转岗而不是被解聘，那也就意味着对他来说被解聘就代表了不优秀、不够好或失败，问题本身已经很直接地表达了员工愤怒和委屈的感受，而问题背后也是在传递员工想要保护自己的自信与自尊的心理需求。

理解了这一点之后，管理者的回答表面上看起来虽然没什么错，也是事实，但这样的回答可能正是应验了员工的担忧，员工会把主管的表达理解为：都是你自己"不够好"，被解聘只能怪你自己。这对于自尊心很强的员工来说毫无疑问是不能接受的，员工就会将行动升级来保护自己的自尊，甚至陷入一种非黑即白的极端思维误区当中：只有证明公司的解聘决定是错误的，才能证明我是优秀的。

在当天的课堂上，学员们给出了很多回应的方式，这里呈现其中的一段供读者参考："我了解你平时工作很努力，在部门中表现一直都是很不错的，听到这个消息你可能会觉得有点突然，但现在公司做出岗位调整的决定也是迫不得已的，也确实会失去一些像你这样优秀的同事。对此，公司虽然觉得很遗憾，但还是综合了多方面的考虑，根据统一的流程和规则做了最终决定。”这段回应里面照顾到了几个关键的心理需求点：（1）肯定了员工的努力和工作表现。（2）通过情感反应表达了共情。（3）着重表述了解聘决定的非个人原因，保护了员工的自尊。（4）在最后提示这是最终的决定，温柔而坚定地澄清了界限。

三不：识别“情绪诱惑”不上钩，关注“情绪风险”不漠视，转化“情绪能量”不对抗。在面谈中，当一方的言行传递出强烈的情绪情感能量时，会使得面谈的另一方受到其情绪能量的影响，偏离理性的决策行动，做出不恰当的本能的情绪反应。例如，当对方表现得很悲伤时，我们可能也会感到难过、愧疚，想要保护或帮助对方；当对方很愤怒时，我们会本能地想要防御（逃离/自我保护）或对抗（攻击对方）。在上面的案例中，主管实际上也是受到了员工愤怒指责的“情绪诱惑”，而做出本能的防御反应，急着辩解：你被解聘不是我的错。所以，识别对方的情绪反应，觉察自己的情绪反应，能帮助我们减少情绪诱惑的本能影响，做出更恰当的、对双方更有益的反应。

同时，我们也要对那些过于激动和强大的情绪能量保持警觉，在对方情绪失控，有过激行动意图时，立即采取行动保护自己，确认环境安全，避免伤害发生，不要让情绪激动/失控的员工在无监护的情况下独自离开或留在面谈室。有些员工虽然没有表现出失控或过激的行为，但能看到他陷入自己的情绪中，经过回应和安抚也无法平复，完全不能进行理性的对话，这时不要强行继续面谈，可以先中断面谈，另行安排时间，或寻求其他同事的帮助。

情绪的能量是可以转化的，例如，前面案例中的员工表现出愤怒和指责的原因之一是基于对“自己不够优秀”的恐惧，要避免承认自己可能有过错或不完美，就需要有一个“假想敌”来承担不利结局的责任。这时，如果你像主管那样“就事论事”地进行回应，就等于站到了“假想敌”的位置上，和员工形成了对抗关系，员工就会通过打败你来证明自己是正确的和优秀的。所以，要想安抚员工的愤怒，先要化解他对自己不够优秀的恐惧。

也是在一次课后，有位学员找我说起自己的一段经历，我们暂且称他为小李。当时小李是一家公司的HRBP，公司因为业务重组需要裁员，其中有一名老员工年近五十，在公司里资历也比较老，虽然业务能力不错，但总是喜欢“教训”别人，即使对上级也是这样，HR和管理者都害怕在面谈的时候被“教训”，就把这个工作推给了刚到公司没两年的小李。果然，在面谈时老员工也提出了“为什么是我”的问题。小李解释之后，老员工劈头盖脸地对业务重组的流程和裁员的规则提出了各种各样的质疑，小李本想辩解几句，但插不上话，只好听着。结果认真听下来，小李觉得老员工讲的有些内容还挺有道理，于是干脆拿出小本，一面在本子上进行记录，一面很耐心地听老员工提出的各种挑战和抱怨，并时不时将老员工的抱怨、指责转换成建议再与老员工确认。比如，老员工说：“你们这个流程设定得根本就不合理，就不应该让管理者一个人来决定最终名单，这样管理者就会把和他关系好的人留下来而不是留下优秀的人……”小李转换后反馈：“嗯，您刚才说的那点我觉得很重要，我记录了一下，您看看对不对。您建议公司在下次架构调整的时候，除了考虑管理者的意见，还要建立更全面的评估标准，这样才能留下更优秀的人……”这样反复十几轮之后，老员工自己提出：“现在和你说这些也没什么用，以后我也不是这个公司的人了。”这时，小李觉得老员工已经开始接受工作变化的事实，但他并没有急着推进下一步的流程，而是很真诚地和老员工说："您刚才说的这些我都记录下来了，非常感谢您一直为公司着想，我觉得这些建议真的很有价值，失去您这样用心的、为公司好又有才能的员工也是公司的损失。虽然这次的决定不能改变了，但我想如果之后公司有适合的岗位了，再邀请您回来工作，或者您到另一家公司时，我也愿意如实地向他们推荐您。"当时老员工并没有说什么，走完后续的流程后，面谈就结束了。没想到几年后，小李突然收到猎头的邀约，一家初创公司以非常优厚的条件来挖他过去做HR总监，而这家公司的创始人之一正是当年由他进行解聘面谈的那个老员工。虽然因为其他原因小李并没有答应工作邀约，但两人在这个过程中见了一次面。老员工喜欢评价和教训别人的习惯还是没有变，他告诉小李，那次面谈小李给他留下了深刻的印象，他觉得小李能很敏锐地觉察到别人的情绪变化和心理需求，他认为这是作为HR的关键能力。另外，他觉得更重要的是小李在面谈过程表现出来的耐心和尊重，小李对一个要离开的员工尚且如此，对在职员工的态度可想而知。他希望小李能把这种对人的态度和工作方式带到他的新公司里去。

传递坏消息的工作实际上就是处理情绪的工作，通过"觉察—承载—转化"的过程，帮助受坏消息影响的人重新面对、理解、接纳自己，认真地经历这个过程，因为这既是在助人也是在助己。

步骤5：计划与支持。

给出清晰的时间流程及下一步行动的建议，帮助其梳理可用的支持资源，对未来制订计划。支持资源除公司内部可以提供的常规资源外，更推荐引入第三方专业资源，帮助员工在心理和现实上更顺利地完成与组织关系的转移或与组织结束关系。例如，一些变革服务/心理服务公司提供的向外转职服务，通常包括：简历编制建议、职业发展规划、如何与家人沟通、面试指导等等。

步骤6：总结与感谢。

在面谈结束前，对面谈中所需要传递的重要信息进行小结，包括：关键的、双方达成一致的内容，重要的时间节点，下一步的行动，可用的资源，等等。最后，真诚地感谢面谈对象配合你完成了这个过程，因为他本来可以让过程变得更艰难。

六、如何在传递坏消息的过程中体现公平

在传递坏消息的培训中，另一个重要的模块就是“如何在传递坏消息的过程中体现公平”。研究者发现，通过帮助坏消息的传递者提升程序的公正性，能有效地降低接收者的负面反应。

利文撒尔（Leventhal）在1980年给出了程序公正的5项原则。

一致性：程序应当对不同人、在不同时间中都是一致的。

偏见抑制：决策与实施过程中不存在个人偏见和个人喜好的考虑。

准确性：快速地给出准确的信息，不会反复变化。

代表性：程序的设计代表了大部分群体的需求和利益。

伦理性：除了合法，还需要遵从道德伦理标准。

以裁员面谈中常见的“Why me？”问题为例。

“一致性”意味着传递者给出的解释对所有员工都是一致的，不会因为员工的身份特征或情绪反应不同而不一样；在面谈中任何时候涉及相关问题时，解释也都是一致的，不会出现前后矛盾的情况。

“偏见抑制”意味着在解释时要强调裁员的规则性原因而非员工的个人原因，即使员工是因为个人绩效不合格而被解聘的，在解释“Why me？”问题时仍然可以强调“公司对绩效有一致的规定，这个规定对所有人都是一样的”之类的规则性原因，而不是把讨论重点放在指责员工个人的工作表现上。

“准确性”要求面谈者熟悉常见问题的标准解释，在回答时表达流畅，如果在回答时吞吞吐吐、含糊其辞，容易让员工感觉到不真诚或被欺骗。如果面谈者遇到记不清或者确实不知道的问题，可以先坦诚地告诉对方自己不知道，并把问题记录下来过后再回复。

“代表性”是指面谈者所给出的解释要能够代表大多数人的需求和利益。例如：“公司现在要撤销这条业务线也是迫不得已的，业务线连续两年严重的亏损已经使得整个公司不堪重负了。”

“伦理性”除了指解释的内容要符合社会伦理，还要求面谈者在传递坏消息的过程中有尊严地对待员工，有礼貌的言行和尊重的态度，给员工足够的时间和机会表达自己的想法和感受。

已有的研究表明，公正性培训不仅可以增强员工对面谈者程序公平性的感知，还可以增强员工的组织公民行为，减少员工对企业的负面情绪与对抗行动。

七、如何识别高风险情境

2019年1月8日，某小学发生一起男子伤害孩子事件，共有20个孩子受伤，其中3人伤势较重，所幸受伤学生均无生命危险。后经公安机关调查，该男子是在学校从事维修工作的校工，其与学校的劳务派遣合同将于1月底到期，而学校不打算与其续签合同，男子由此产生不满情绪，并将不满情绪发泄到无辜的孩子身上。[①]

事件发生后，我身边的很多朋友对那个男子的行为都感到无法理解和愤怒，已经为人父母的朋友，还对学校的安全保护能力感到非常担忧，而在学校工作的朋友也感受到了来自家长和舆论的压力，担心自己工作的学校会不会发生类似的事情。他们都很困惑：一次平常的解聘怎么就引发了这么严重的危机事件？这名男子是不是有什么心理问题？学校怎么才能预防这样的事件发生呢？

其实在组织的危机事件中，有不少是由离职解聘这样的"日常管理工作"引发的。但这样的危机风险并非不能识别和预防。相对于自然灾害、战争、意外事故这些较难防控的危机来说，组织日常运营管理工作中的风险反而是我们可以有所准备，甚至有机会避免恶性结果发生的。作为组织的管理者，首先需要能够识别那些潜藏在日常事务和管理工作中的风险情境，然后才能有所准备和应对。

我们可以把常见的风险行为简单地分为三类：暴力攻击、自杀自伤、付诸行动。前两种风险比较好理解，后一种付诸行动风险是指将威胁的言论或暗示兑现为实际行动的可能性。例如，为达到诉求，扬言要在媒体上发布企业的负面信息；威胁要伤害组织成员或损毁公司财物；恶意举报投诉企业等。

有研究者认为，暴力攻击与自杀自伤行为之间存在一定的关联性，普鲁契克（Plutchik）和范·普拉格（van Praag）提出，有30%的暴力个体有自杀行为史，有10%—20%的自杀个体有暴力行为史。韦斯特（West）也在谋杀案的分析中发现约30%的个体在杀人后自杀，并且其中许多人

① 新闻来源于人民网：http://edu.people.com.cn/n1/2019/0109/c1006-30512547.html，最后访问时间2020年9月16日。

有长期的暴力行为和高度的攻击性。

从危机管理的角度，我们也总结了相关研究中与风险行为相关的心理因素，并把它们分为“风险性因素”和“保护性因素”。风险性因素越多时，个体实践风险行为的可能性越高，而保护性因素则可以降低其采取风险行为的可能性。危机干预的目标实际上就是增加个体对保护性因素的觉知，尽可能地减少或消除风险性因素。

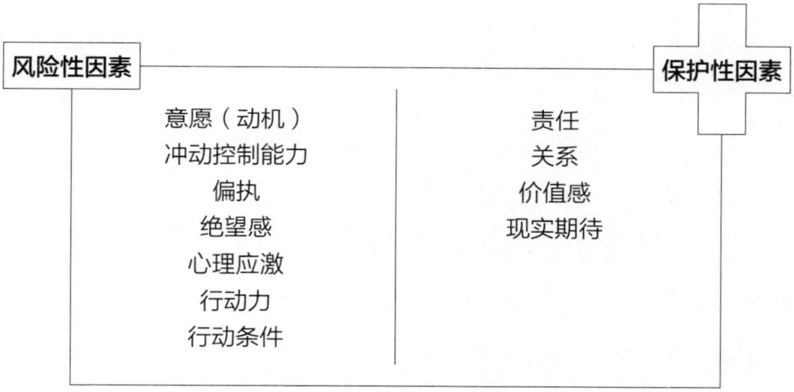

与风险行为相关的心理因素

为了能够更结构化地研判情境中的风险，可以从以下三个维度去评估。

（1）“事件”，指的是在组织中日常发生的运营管理事件，如解聘、绩效谈话、病假调查、岗位变动等。如果事件涉及“分离”（这里特指关系的失去或变化）和“丧失”（这里特指财物、地位、荣誉等的损失）时，就有可能成为引发危机的风险因素。如果个体是被动

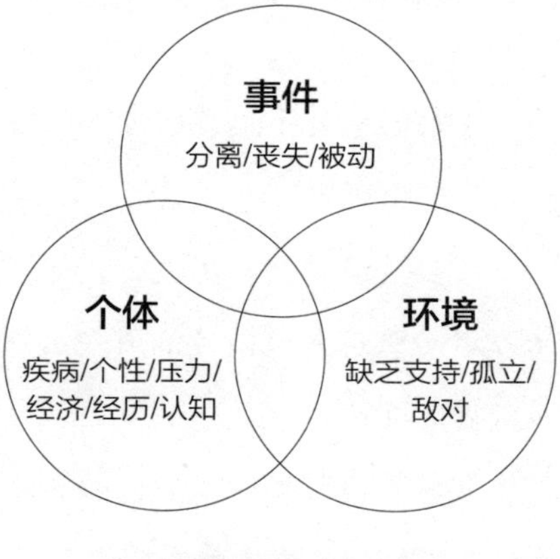

研判情境中风险的三个维度

地经历这个事件或对此毫无准备，风险程度将会提升。

（2）“个体”，指的是在事件中受影响的个人，比如要被解聘的员工、将要进入绩效改进计划的下属等。当个体本身存在一些不利的特征时，其应对外界变化的能力和速度也会受到影响。这些特征包括：身心健康问题、适应不良的个性和应对方式、曾经的自杀自伤或暴力行为史、曾经的违规违纪行为、经济问题、长期压力、近期的重大事件、对事件本身的负性认知，以及其他可能影响个体应对变化和压力事件的特征。

（3）“环境”指的是个体所处的环境，包括家庭环境、组织环境、社区环境等。要注意的是，这里要评估的环境并不是客观的环境，而是从这个受影响人的视角去看，他主观认为自己所处的环境。例如，一个公司的文化环境客观上可能是平等包容的，但被解聘的员工认为部门的同事都在孤立自己，处处都在针对自己，那么这个员工主观所感知到的公司环境就是敌对和缺乏支持的。为了使得日常运营管理风险情境的识别常态化，也为了危机工作者和管理者在操作上更加简便和规范，我们基于实践需要设计了情境风险简明检查表（见表4–1）。需要特别注意的是：

①该表格并不是针对个人的评估或诊断，而是对某一运营或管理事件引发的情境风险进行识别。

②当分值达到临界值时，并不表示一定会发生危机，而是提示危机工作者和管理者该情境的风险达到了需要重视的程度，应进一步识别或提前做好准备。

③该表格仅提供了简化的风险评估框架，有经验的危机工作者应根据实际情境进行更全面的评估。

表4-1 情境风险简明检查表

事件日期		事件描述	
检查项目		**是**	**描述**
事件	分离		
	丧失		
	被动*		
个体	精神疾病		
	生理疾病		
	适应不良个性		
	适应不良应对方式		
	自伤自杀行为*		
	暴力/攻击行为*		
	违规行为		
	经济问题		
	近期重大压力事件		
	慢性压力		
	对事件负性认知		
	个体其他风险特征		
环境	孤立*		
	对立环境		
	支持系统不足		
	其他风险环境		
合计			
处置与预案：			
检查人：			检查日期：

注意：检查项目仅作为客观事件或状态的呈现，不作为医学或法律上的诊断依据，其目的是预防危机事件的发生，保护相关个人与组织的安全与利益，使用过程中对涉及组织信息及当事人隐私的内容必须严格保密，同时避免对当事人“贴标签”和污名化倾向。

使用说明：本表格从事件、个体、环境三个方面共19个子项目对组织日常事务的情境风险进行检查预评，子项目选择为“是”时计1分，标记项目计3分，总分5分以上时应由危机小组对可能发生的风险进行讨论和预备，启动特殊情境处置与沟通预案。

以下是详细的填写说明，斜体字部分为该项的检查记录重点。

事件日期	*事件发生的日期*	事件描述	*大致描述事件背景、过程、当事人信息*
检查项目		**是**	**描述**
事件	分离		*关系的分离，如离婚、亲人死亡、离职（当事人主观重视与组织和同事关系时）*
	丧失		*财物、地位、荣誉等的丧失，如房屋被损毁、财物被盗、离职（当事人主观重视工作所获得的收入时）*
	被动 *		*事件是当事人被迫经历的，突然发生毫无准备的*
个体	精神疾病		*精神健康方面的明确诊断或被确认的典型症状*
	生理疾病		*生理健康方面的明确诊断或被确认的典型症状*
	适应不良个性		*当事人有与环境明显不适应的、长期存在的、相对稳定的思维模式及行为态度表现，非应激性（一过性）表现*
	适应不良应对方式		*对当下事件采取了不适当的应对方式*
	自伤自杀行为 *		*曾经、近期发生过的自杀或自伤行为，或意图进行被中止的*
	暴力/攻击行为 *		*曾经、近期发生过的暴力、攻击行为，或意图进行被中止的*
	违规行为		*违反法律、规定、规则的行为，如违反劳动纪律*
	经济问题		*贫困、出现财务危机、经历经济纠纷或犯罪*
	近期重大压力事件		*1—3年内发生的，除当下事件外的其他当事人自觉有重大压力或应激的事件*
	慢性压力		*当事人自觉长期的、持续存在的压力，如需长年照顾生病家人、偿还贷款*
	对事件负性认知		*当事人认为事件的发生对自己是有明确消极影响的、有损失的、有害的，如被害者心态*
	个体其他风险特征		*表格没有列出的个体可能存在的其他风险特征*
环境	孤立 *		*当事人自觉在当下环境中孤立无援，隔绝感，无助感，强烈的孤独感*
	对立环境		*主观上对立的、敌对的关系，零和关系，无法共赢，没有发展协作关系的可能*

续表

检查项目		是	描述
环境	支持系统不足		*能支持当事人应对当下事件的支持系统缺失、不足，或当事人无使用意愿意识*
	其他风险环境		*表格没有列出的环境中可能存在的其他风险，大环境下的如公共卫生危机、持续经济萧条等，特定环境下的如组织变革等*
合计		*各项得分加总*	*记录相关检查资料信息*
处置与预案：*根据初步的评估与信息研判，设计处置的计划与预案*			
检查人：*作为存档记录时，应记录表格的填写人和风险检查者名单* 检查日期：*注明检查日期，获得新资料及时更新检查结果*			
• 符合计1分 • 不符合计0分 • 标记项目符合计3分 • 存疑项目按1分计，验证信息后再降低评分			

案例▼

组织变革中的规模性裁员：“这一次我们要裁掉200人”

组织变革可以说是由组织主动制造的危机，组织主动打破原有的平衡状态，在有预备和可控的情境下经历震荡期，然后达成更为适应环境的新平衡状态。在如今快速变化的时代，变革已经成为每一个组织都无法回避的选择。

2016年秋天，我们接到一家世界500强企业的变革心理支持服务需求，他们半个月后将在5个城市同时执行变革项目中一个重要步骤——裁员。

其实这家企业在近一年的时间里已经进行了很多次零散的裁员，但这一次他们的HR看上去显得很有压力，他坐下来后的第一句话就是："这一次我们要裁掉200人。"此次裁员涉及的人数较多，又是多地同时进行，进行离职面谈的HR和管理者中大部分缺乏经验；部分被裁员工年纪偏大，有些入职年限在15年以上，再找工作相对困难，对裁员可能会比较抵触；近期公司内部开始有人议论裁员的事，难以预料会不会发生群体性事件。虽然这位HR参与过很多变革项目，但同时裁掉这么多人还是第一次，光是想到这些风险点就让他觉得担忧。

他的担忧正是出于他以往参与变革项目的经验带给他的敏感性，也正因为他有对风险的敏感性，我们才有机会对这些可能发生的风险进行预防和准备。

规模性裁员项目的心理支持团队在实际中要面临两部分的专业工作：一部分是在前面已经讨论过的，与裁员相关的常规的危机预防工作；另一部分则是规模性危机项目的团队统筹与管理工作。下面就以案例中的规模性裁员项目为例，了解在这样大型的危机项目中，如何通过将专业标准和细节控制具体化来让心理工作团队达到效能最大化，风险最小化。

八、怎样做组织危机情境评估

无论是组织主动发起的变革危机，还是突发性危机事件或灾难，当危机发生后，首先要对危机情境进行评估。

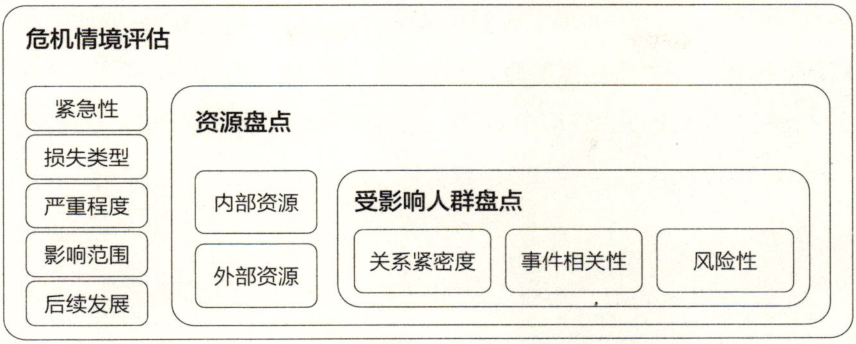

首先从危机情境本身的紧急性、损失类型、严重程度、影响范围、后续发展等方面进行评估。其次是对组织应对危机的资源进行盘点，包括组织的内部资源和外部资源，按资源的类型又分为人力、物资、资金、关系资源等。

对于危机心理工作者来说，最为重要的评估是对受危机情境影响的人群进行盘点，根据人群受影响的程度和特征来设计适合的危机干预策略。对受影响人群的评估需要从三个方面考虑：（1）受影响人群与危机当事人（亡故者、亲历者或加害者）的关系紧密度。（2）受影响人群与危机事件本身的相关性。（3）受影响人群自有的风险性特征。

以一起在企业中发生的销售经理猝死事件为例，有可能受到最多影响的是与发生猝死当事人关系密切的亲友和同事，以及现场目击者或参与救援的人。另外是没有目睹现场，但可能接触大量事件相关信息（看到照片、听到他人的讲述等）刺激的事件处理团队和媒体工作者。另外还有一些人是在组织中非常容易被忽略的受影响群体，他们可能不认识猝死的当事人，也不是与其关系密切的同事，但在企业中他们与死亡的当事人从事同样岗位的工作，或有着相同的个体特征，比如都是销售经理，日常工作都是长年出差和喝酒应酬，年纪都是40岁左右，都是上有老下有小。这些人就是我们所说的“同质性人群”。如果危机事件被媒体报道，报道中的图片、视频或文字描述过于具体时，对公众也会产生心理影响。除此之外，如果个体存在某些风险特征，如本身有严重的身心疾病、有重大的财务问题、近期也曾出现过心脏不适等，在评估时也需要考虑危机事件给其带来的额外压力是否会超出其承受能力。

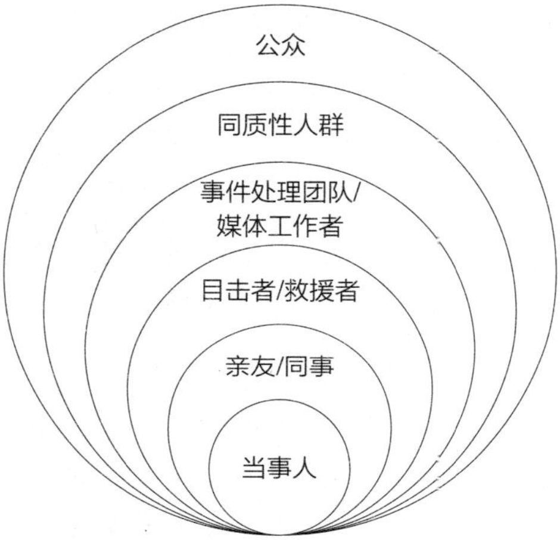

对受影响的人群进行盘点之后，基于资源能够支持的范围，对不同人群制定适合、可行的危机干预策略和计划。

危机情境初步评估/计划表（见表4–2）可以帮助我们在紧急时刻有条理地进行危机情境评估和制订计划，是危机管理顾问在学习训练中必须完成的功课。

表4–2　危机情境初步评估/计划表

危机情境评估	
事件描述	
紧急性	
损失类型	
严重程度	
影响范围	
后续发展	

续表

受影响人群盘点	
受影响人群基本情况	
不同人群受影响程度	
同质人群分类	
干预策略	
策略选择	
适应对象	
干预时机	
干预计划	
资源盘点	
内部资源	
外部资源	
资源分配	
其他	

九、《规模性裁员心理工作团队执行手册》——结构与意义

对于大型的危机响应项目，特别是对于一些能够有时间提前做出准备的危机，如组织变革中大规模的岗位调整、裁员、关厂等，心理工作团队自身的管理和准备工作是非常重要的。下面用《规模性裁员心理工作团队执行手册》（简称《执行手册》）的方式，呈现在大型危机响应项目中如何进行专业质量控制和细节化管理。在本书的附录中提供了《大型危机项目心理工作团队执行手册》的空白模板供有需要的读者使用。

从《执行手册》的目录中可以看到，手册包括“项目介绍”“团队成员”“工作内容与要求”“专业指引”“其他资料”5个部分的内容。用结构化、可操作的方式帮助团队成员确认以下内容：必知的项目信息、自身角色与团队关系、工作内容与专业标准、禁忌与突发情况的处理、整体流程与执行细节。

《执行手册》的目录如下：

目录

注意：

（1）《执行手册》需要与项目执行前的内部沟通会议配合使用，不能替代心理工作团队中必要的直接沟通。

（2）团队管理者也需要提示团队成员，《执行手册》的内容可能并不全面，并主动询问他们有什么疑问。

（3）有保密协议约定的项目，《执行手册》应在项目结束后回收和销毁。

十、《规模性裁员心理工作团队执行手册》——项目介绍与团队成员

“项目介绍”包括项目背景介绍与项目日程安排两个部分。项目背景主要是描述项目最基本的必知信息，帮助团队成员对项目有一致的认知，以及能够在帮助当事人时传递正确的信息。对于一些灾难事故的危机，心理工作团队能够掌握更多正确的信息，也能减少团队成员本身的不安全感和失控感。在裁员项目中，传递必要的基本信息即可，信息过多反而可能引起不必要的疑问，增加保密协议的执行难度。日程安排则以所提供的服务策略按时间线进行详细描述，使团队成员能够清晰明了地看到项目整体的服务安排。

范例：

项目介绍

1.项目背景

组织概况：制造型企业，总部位于上海，在北京、深圳、广州、武汉、成都等20多个城市设有直属办公室，两大生产基地位于东莞和重庆。在2013年之前企业盈利状况较好，之后利润连年下滑，近三年受海外市场需求减少的影响，企业亏损严重。

项目简要背景：企业面临不变革就要被淘汰的残酷局面，变革项目从2014年开始规划进行，根据企业整体架构的调整方案，之前已经进行了多次小规模的岗位调整和人员调整。此次裁员规模约200人，在上海、北京、深圳、武汉、重庆5个城市同时进行。

项目周期：2016年10月20日为裁员宣布日，接下来的一周为离职办理期，之后的1—3个月为恢复适应期。

项目参与团队：企业内部变革项目组、外部支持团队（心理团队、律师团队、安保团队）。

其他必要信息：该企业连续5年为员工提供EAP服务，持续进行心理知识的普及工作，员工有使用心理热线的习惯。

2.日程安排

服务/干预策略	服务对象	具体内容	执行日期与时间	参与顾问
培训	执行解聘面谈的HR与管理者	培训内容包括： 1.员工现况与风险分析 2.风险个案的识别与应对 3.经历突发事件的情绪变化过程 4.项目成员的自我心理调节 5.HR和管理者在项目中的角色定位及彼此如何配合 6.解聘面谈的结构	10月17日下午2：00—5：00	王××，李×

续表

服务/干预策略	服务对象	具体内容	执行日期与时间	参与顾问
		7. 员工负面情绪应对 8. 危机处理 9. 职业生涯转换服务可以为员工、HR和管理者做什么 10. 如何向员工介绍职业生涯转换服务及怎样使用	10月18日下午2：00—5：00	

“团队成员”部分包括：心理工作团队成员的联系方式、紧急联系人信息及联系顺序、合作方的联系方式、团队成员的职责分工。其中职责分工应尽量具体化和细节化，做到分工明确。

范例：

团队成员

1. 团队成员联系方式

序号	姓名	工作地点	联系方式	备用联系方式	职责	备注
1	李××	北京	136××××××××	138××××××××	危机管理顾问	

2. 紧急联系人卡

当遭遇紧急情况时

请按此顺序，联系紧急联系人

1. 刘××：136××××××××

2. 张××：157××××××××

3. 合作方联系方式

工作地点	所属组织	姓名	职务	联系方式	备　注
北京	北京分公司	Susan	HR	158××××××××	负责北京工作点的对接协调工作

4. 职责分工

团队成员	工作职责	备　注
项目经理	1. 7×24小时响应组织需求 2. 根据组织需求、按危机管理顾问的专业建议安排顾问工作 3. 负责项目整体运作与统筹安排 4. 记录项目过程，项目完结后48小时内整理完成项目报告交付 5. 负责商务与合同商谈	
危机管理顾问	1. 对接组织危机响应团队，盘点组织危机响应需求 2. 选择干预策略，制订工作计划 3. 给出执行顾问团队组建与工作安排建议 4. 为顾问团队提供专业支持和把控专业工作质量 5. 项目结束后24小时内完成项目报告的专业相关内容	
危机执行顾问	1. 按项目要求与专业标准完成指定的工作 2. 服从项目经理的指挥与调度 3. 遵守《工作行为规范承诺书》 4. 主动与项目经理和危机管理顾问沟通，不擅自行动 5. 工作结束当日完成工作记录报告	2—3 名顾问为一个工作小组
行政支持	1. 物料准备支持 2. 行程保障安排（交通、食宿等） 3. 合同流程手续 4. 财务结算、报销支持 5. 配合项目执行需求提供其他支持性工作	

十一、《规模性裁员心理工作团队执行手册》——工作内容与要求

在“工作内容与要求”部分，首先通过《工作行为规范承诺书》让团队成员明确自己的工作准则与禁忌，并做出遵守规范的承诺，这使得团队成员与团队之间形成心理契约与法律约束效力。

工作目标是描述不同的服务模块所要达成的工作效果，为团队成员提供原则性的指导。

工作准备清单需要按不同的团队角色的职责分工，列出在项目的前、中、后期所必须提前进行的具体工作，并提供完成情况的检查勾选。

团队工作内容一览表能帮助团队成员对于项目整体的进程有所了解，并能够清晰直观地看到在项目进行的不同阶段，心理工作团队与其他合作团队的工作内容及如何配合。

工作日报模板是执行顾问需要在工作完成当日所提交的标准工作记录。顾问需要记录下当日的工作时间、现场的状况，以及顾问是如何进行专业操作的，并可以通过日报提出督导申请。

紧急状况处理会对可能发生的紧急状况进行描述，并用简单明了的方式告诉顾问遇到该种状况时要如何处置，并将当下和后续的行动分开描述。

范例：

工作内容与要求

1.《工作行为规范承诺书》

我身为______项目团队成员，承诺遵守以下规则：

- 牢记自己是代表______的专业心理工作者。
- 按______的工作要求和专业标准完成工作，遵守伦理与安全守则。
- 工作过程中所知悉的项目相关信息（包括：组织、事件或当事人信息等），均为保密信息，未经书面授权，不会告知项目组成员外的任何第三方。
- 项目相关的所有书面/电子资料，均为保密文件，在项目结束后按规定交还项目组或自行销毁。
- 未经______书面授权，不与媒体接触。
- 不代表任何一方进行谈判、承诺或发表态度观点。
- 不对当事人给出书面或口头的“诊断”或“鉴定”结论。
- 不在项目经理不知情的情况下擅自行动。
- 不在项目过程中进行私人约会。
- 不以个人舒适为目的，向组织或合作方提出过分的要求。

顾问签名：______

年　　月　　日

2. 工作目标

为变革项目团队提供变革咨询服务，以达成帮助企业在维护公司的形象，在维护员工的尊严上做得更完善，防范危机发生。

为5个城市的受影响同事提供现场支持服务，以达成让身处变化的员工、人力资源经理和管理者能够感受到尊重和人性的关怀。

3. 工作准备清单

项目经理工作准备清单

阶段	工作准备项目	检查	备注
前期	确认危机管理顾问，安排危机管理会议	□	
	检查组织提供的咨询室是否符合安全、私密、舒适的标准	□	
	确认合同	□	
	整理合作方及顾问的联络方式、时间地点信息，交给行政同事	□	
进行中	现场工作开始前30分钟确认所有顾问到场并完成准备工作	□	
	在项目节点主动联络更新信息，对接组织方新需求	□	
	根据项目进展与危机管理顾问意见灵活调配安排顾问资源	□	
	记录所有服务过程与时间节点	□	
结束	与组织方进行当日工作回顾会议	□	
	向危机管理顾问回收项目报告的专业部分内容，整合项目信息与服务时间，48小时内交付项目报告	□	
	跟进后续服务需求	□	
	按合同规定跟进完成收款结项手续	□	

行政支持工作准备清单

阶段	工作准备项目	检查	备注
前期	与项目经理确认时间与地点，安排交通、食、宿	□	
	确认进入现场的规定与手续，制作出行提示卡（手续办理指南、需携带的证件）	□	
	制作工牌（正面为顾问信息，背面为紧急联系卡）	□	
	制作服务介绍卡	□	
	制作项目《执行手册》	□	
	准备顾问物料包：工牌、出行提示卡、项目执行手册、软抽纸、A4白纸、宝珠笔、服务介绍卡	□	
进行中	保持7×24小时通信畅通	□	
	提前确认用车、酒店、票务等行程安排	□	
结束	与项目经理确认所有参与顾问工时，制作工资表	□	
	收集、整理报销票据	□	
	按合同规定时间，寄出发票、确认收款	□	

危机管理顾问工作准备清单

阶段	工作准备项目	检查	备注
前期	与组织方进行危机管理会议	□	
	危机干预策略与干预计划确认	□	
	执行顾问团队成员及分工确认	□	
	确认干预策略安排与工作标准SOP交给行政同事	□	
	主持项目准备会（向顾问团队介绍项目背景，工作安排与专业要求，解释项目《执行手册》，答疑）	□	
进行中	中间休息时与各现场顾问联络，询问进展和解决问题，自我保护	□	
	与项目经理配合，及时更新进展信息，提示组织危机团队成员的基本生理需求保障，如饮水、餐食等，预防因此引发的情绪问题	□	
	当日工作结束后进行顾问小组工作回顾会议	□	
	与组织方进行当日工作回顾会议	□	
结束	回收执行顾问工作记录，确认个别督导安排	□	
	24小时内完成项目报告的专业部分内容	□	
	确认顾问团队小组督导时间	□	

危机执行顾问工作准备清单

阶段	工作准备项目	检查	备注
前期	确认已经清楚项目《执行手册》的全部内容	☐	
	《工作行为规范承诺书》签字后交给行政同事	☐	
	着装要求：外套+衬衫+裤装+轻便不易脱的鞋子，佩戴工牌，长发束起，淡妆，不使用气味浓烈的香水，不佩戴夸张的饰物	☐	
	自备水杯、干粮、纸巾、充电宝	☐	
	检查通信设备，保证联络方式畅通	☐	
	驻场顾问在裁员宣布前30—40分钟到达工作现场	☐	
进行中	与管理者和HR介绍自己及能提供的服务，询问他们的准备情况，建立联系	☐	
	确认安全通道和卫生间路径	☐	
	检查咨询室，协助HR检查会谈室，去除危险物品（削尖的铅笔、裁纸刀、玻璃杯、热水瓶等）	☐	
	让主管和HR清楚咨询室的位置，提出当日注意事项。例如，建议其坐在靠门口的位置，强调不要让激动的员工随意离开或独处等	☐	
结束	工作结束后进行顾问小组工作回顾会议，根据项目经理安排进行收尾工作	☐	
	与现场管理者和HR进行简短的沟通，确认当日工作结束	☐	
	向项目经理汇报工时	☐	
	当日完成工作日报交给危机管理顾问	☐	
	24小时内整理相关报销票据交给行政同事	☐	
	项目相关的所有书面/电子资料，在项目结束后按规定交还项目组或自行销毁	☐	
	项目整体结束后参加小组督导或个别督导	☐	

4. 团队工作内容一览表

阶段安排	日程	组织工作	顾问团队工作	其他工作
裁员项目管理会议与前期准备	会议时间：10月12日下午2：00—4：00 所有准备工作完成时间：10月14日	会议前： • 提供项目背景情况介绍、初步计划、人员场地的具体安排 • 会议时间场地安排 • 参会人邀请：项目负责人、HR、管理者、法务、安保、技术人员、公关人员、心理顾问 会议后： • 勘查场地：裁员宣布现场、离职面谈室、顾问会谈室 • 盘点人员风险，列出高风险名单与心理顾问逐一讨论 • 核查流程顺畅性 • 相关文案与资料准备 • 工作人员状态与风险评估 • 工作人员培训	• 对初步计划、人员场地等具体安排等提供专业意见，检查风险点 • 提供人员风险盘点的专业要点及指导 • 协助进行资源盘点与补充 • 对裁员宣布文稿、离职面谈内容提供专业意见 • 介绍心理顾问团队能够提供的支持方式及可以如何与整体项目进行配合 • 确认顾问团队在项目中的工作安排 • 提供向外转职服务介绍等相关文案参考 • 核查相关文案与资料样本 • 裁员宣布前一日再次确认工作安排、场地检查以及现场对接人	• 法务团队确保项目内容与流程合法性，并提供相关专业意见 • 技术团队确保信息安全，为流程手续的顺畅性提供技术支持 • 安保团队确认自身工作安排与现场风险应对规则

5. 工作日报模板

——*内部保密文件**——

危机支持工作记录

顾问姓名：________ 地点：__________ 日期：________

工作时间：________到________，共____小时

工作概览表

时间	工作内容	备注

危机支持工作初始目标：

1.

2.

3.

现场状况描述：

资料收集：

顾问评估：

顾问干预：

顾问建议（包括顾问在现场直接给出的建议及后续建议）：

其他：

督导需求：□是 □否

*本文件在使用过程中应遵守相关的保密规则，妥善保存。

6. 紧急状况处理

紧急状况	立即处置	后续跟进
明确的恐吓或暴力行为	立即离开危险接触范围，要求安保协助	报告HR或管理者 报告项目经理与危机管理顾问
明确的自伤/自杀倾向或举动	立即移除危险物品，带离危险区域 时刻保持有人陪同	报告HR或管理者 报告项目经理与危机管理顾问

十二、《规模性裁员心理工作团队执行手册》——专业指引

专业指引并非临时地对顾问进行专业培训，能够参与项目的顾问在专业资质、能力和素养上都是达到专业水准的。但在大型项目中，因为参与顾问人数较多，受训练背景与经验各不相同，所以有必要对在工作中常会遇到的情境提供基础的专业处置标准与范例，以确保整个顾问团队所提供的专业服务都是符合统一标准的。这就要求专业指引部分的内容以情境化、范例化的方式呈现。包括：顾问对自己在项目中的角色和能提供的服务的确认与描述、顾问如何回应与支持当事人的情绪、顾问在工作中常常会遇到的问题，以及顾问的自我保护。

范例：

专业指引

1. 如何介绍你的身份角色

向HR与管理者介绍时，可以这样说：“我是××公司的顾问，我的名字是×××，这是我的同事×××，今天我们都会在这里提供支持工作……”

向受影响员工介绍时，可以这样说：“我是××公司的转职发展顾问/职涯转换顾问……”

2. 如何介绍你能提供的服务

向HR与管理者介绍时，可以这样说：“我们可以帮助受影响的员工

面对在过渡期常见的情绪和现实问题，成为他们的支持资源，缓解他们个人的部分压力，也能缓和员工与公司之间的张力。”“有些时候，受影响员工的反应和情绪也会影响到HR和管理者，顾问可以为HR和管理者提供一个温和、专业的视角，与你们共同面对情绪上或现实中的困扰，或一起讨论难以处理的工作。”

顾问具体是怎样与受影响员工工作的？可以这样说：“我们会倾听、了解受影响同事的感受和困扰，了解他们是否有特别的负担及担忧，以及家庭环境等支持系统的状况，帮助他们梳理自身的支持资源，评估是否存在风险因素，是否需要特别的支持或回访。”“当员工谈及对公司的负面情绪或想法时，顾问会倾听他们的感受，并做出情绪上的回应和支持，也会识别他们做出敌对或伤害行为的风险，以便提前进行恰当的处置。”

当HR和管理者需要转介受影响员工给顾问时，可以这样介绍：“在接下来的职业转换期里，你可能会有些问题需要思考和准备。例如，如何告诉家人你的职业变化、如何做职业生涯规划、过渡期的生活和财务安排，或是有新的职业机会后如何进行面试准备等，那边的房间里有顾问可以与你一起梳理这些问题，我可以带你过去跟他们谈谈。”

如果员工暂时不需要与顾问交谈，可以告诉他们：“在之后的6个月里，你也可以随时使用这个400热线预约顾问。”并将服务介绍卡交给员工。

3. 情绪回应与支持

HR和管理者可能的情绪与反应	预期员工在听到坏消息之后的负面反应而延迟和犹豫、担心会损害自己的形象、有罪恶感、对员工的反应感到害怕、感到信心不足、认为由自己承担传递坏消息的责任是不公平的
支持关键点	在现场提供稳定性支持：澄清角色与职责边界、理清思路、缓解情绪

受影响员工 可能的情绪与 反应	**情绪反应**：否认/震惊、愤怒/焦虑、无力感/沮丧/悲伤、对抗、拖延、讨价还价、寻求保护等 **可能的表述**，例如："为什么是我？""这是不公平的！""××还不如我，为什么不解聘他？""他们就是针对我！""他们怎么能这样对我？""我太失败了！""我要和CEO谈！""有些东西媒体会感兴趣的！" **心理动力**：自尊受损与对未来的担忧
与受影响员工常规面谈的关键点	• 倾听感受，询问困扰 • 共情同理，积极关注 • 了解信息，梳理资源，评估风险 • 探讨如何安排接下来的生活，如何进行职业生涯规划等具体问题 • 如需回访，约定时间与方式 • 提示现场咨询后员工可使用的服务（6个月热线咨询） **注意：顾问只作为心理支持，不涉及法律、政策或赔偿问题的回答**
共情同理 积极关注	**通过"看见"情绪表达共情**。例如："我看到你现在的状态，感觉真是挺难受的……" **复述感受，表达理解**。例如："你是说，因为没有预计到，所以觉得很突然，一下子有点难以接受。" **关注优势与愿景**。例如："你的担忧或许也意味着你已经开始思考未来的生活了。" "如果有魔法，让你在明天醒来时拥有你想要的生活，那会是什么样的？"
了解信息 梳理资源 评估风险	• "你家里情况是怎样的？" • "还有哪些人/社团能帮助你？" • "什么是让你觉得最有压力的？" • "你最担忧的是什么？" • "这是你遇到的最困难的情况吗？" • "之前你是怎样做的？"
探询具体问题（如何安排接下来的生活、职涯规划等）	• "你觉得生活会有什么变化？" • "你对接下来要做的事有什么想法？" • "你想怎么安排这段过渡期？" • "你最想做什么？" • "工作对于你来说意味着什么？" • "和我说说你的新工作机会？"
安全注意	• 首先确保你和工作团队的安全。例如，提前去除房间中所有有伤害力的物品，坐在靠近门口的位置 • 当你感觉到员工可能会有过激行动时，应该要求安保人员在场 • 当员工提出要你离开房间时，要甄别自伤风险，绝不能将情绪激动的员工独自留在房间内

4.常见问题Q&A

（1）“我要怎么和家人说我被辞退了？”
• 帮助员工澄清和表达他真正担忧的是什么 • 使用正常化技术 一些合适的提问： “你想先告诉谁你离开这家公司的消息？”“什么时机说最适合？”“你打算怎么说？” “当他们知道你离开了这家公司后会有什么反应？”“他们有这样的反应是因为……” “你会怎么回应他们的反应？”
（2）“我对赔偿有些疑问。”
赔偿政策问题，转介员工到HR团队：“你可以询问刚才与你面谈的HR同事，或者打××××××××电话，询问××部门的同事。”
（3）“我觉得这个不符合法律规定/我想咨询法律上的问题。”
法律相关问题，转介员工到法务团队：“法务的同事今天都在××会议室，我可以带你过去，或者你也可以在之后拨打××××××××电话进行咨询。”
（4）“你能给我一些财务上的建议吗？”
• 帮助员工梳理他的财务状况，如债务、房贷车贷、家庭收入、资产等 • 与员工讨论他的理财观念与理财方式，以及过渡阶段的财务计划 • 如果员工需要更专业的理财建议，转介员工使用热线预约财务顾问，在未来的6个月内都可预约
（5）“我很难再找到一份新工作了。”
• 不做虚假的夸赞或承诺，处理失败感 • 倾听员工的担忧，但将关注点放在员工的优势和能力上 • 澄清员工对工作的预期，提供相关信息或讨论如何获得必要的信息 • 将重点放在寻找新工作的渠道、方式等具体问题上
（6）“我要怎么规划之后的职业发展？”
• 帮助员工澄清自己的现状与期待 • 提供相关信息或讨论如何获得必要的信息 • 如员工需要系统的职业生涯规划辅导，可转介员工使用热线预约职涯辅导顾问，在未来的6个月内都可预约

5.顾问的自我保护

阶段	注意事项	备注
开始前	询问自己是否有一些情况会影响你的危机工作，例如： • 近期的手术或药物治疗 • 近期的情绪或心理问题 • 过去6—12个月人生的重大变化或丧失 • 一些未解决的家庭或人际关系问题 请将你觉得可能有影响的情况在项目开始前，告知危机管理顾问	危机管理顾问××，联系方式：××××××××

续表

阶段	注意事项	备注
进行中	• 首先确保自身安全，然后再帮助他人 • 尽量安排好自己的饮食，或抓紧工作间隙的时间喝水、吃饭、休息、放松 • 感觉到陷入困境时，回想过往有哪些办法曾经有效地帮到你 • 与你的团队和同事保持沟通，互相帮助和配合 • 知道自己可以随时停止工作和退出	当你想停止工作时，请联系危机管理顾问或项目经理
结束后	• 向你的同事、团队或督导讲述你在危机工作中的体验 • 总结自己在这次危机工作中是如何给他人带来帮助的 • 发现可以改进的部分，也要认识到当时无法做到更好的客观原因 • 在开始下一次危机工作前要获得足够的休息和恢复	除了团体的督导，你还可以在日报中申请一对一的督导

十三、《规模性裁员心理工作团队执行手册》——其他资料

在《执行手册》的最后部分，可以将顾问在工作中需要了解与使用的资讯和相关材料汇总，方便顾问查询使用。在规模裁员项目中，常用到的资料包括：相关工作人员的行动守则、给被解聘员工的服务介绍卡样本、与职业生涯转换相关的机构与网站列表、顾问在报销与结算时需要了解的财务与行政信息。

范例：

其他资料

1. 相关工作人员行动守则

HR与管理者的行动准则

阶段	行动准则	检查	备注
前期准备	√ 了解每位离职同事的背景与相关信息，进行过风险面谈检查	□	
	√ 对风险面谈提前报备，并与心理顾问进行讨论	□	
	√ 准备符合安全、舒适标准的面谈场所	□	
	√ 熟悉安全通道、卫生间、茶水间位置	□	
	√ 确认向员工和外界发布内容的准确性和一致性	□	
	√ 清楚项目流程，知道所有资源的用处及获取渠道	□	
	√ 检查所有文案资料是否准备齐全	□	
	√ 清楚如何识别和处理紧急情况	□	
裁员日	√ 坐在离门近的位置	□	
	√ 直接、清晰地说明裁员的决定与相关事宜	□	
	√ 用心聆听员工的感受与想法	□	
	√ 告知明确的后续安排与时间节点，感谢员工以往对公司的贡献	□	
	√ 简明地解答员工的疑问，记录下你无法回答的问题	□	
	× 不要将有安全风险（坚硬、高温、尖锐）的物品放在会谈室里	□	
	× 不要与员工争论	□	
	× 不要企图说服员工这是一个公平的决定	□	
	× 不要将裁员归因为员工的工作表现或他人的原因	□	
	× 不要让员工长时间地宣泄情绪或持续演说	□	
结束	√ 当员工出于自愿或有需要时，由HR陪同他前往顾问的会谈室	□	
	√ 尽快将裁员的消息告知其他员工，并聆听他们的反应	□	
	× 不要忽视或低估员工自杀或伤害自己和他人的威胁	□	
	× 不要把情绪激动的员工单独留于房间内	□	

2.服务介绍卡

正 面

职涯转换期，专业顾问支持您

免费热线：400 ××× ××××

服务时间：周×至周× 上午××：00至下午××：00

（20××年×月××日—20××年××月××日）

您与顾问谈话的内容及个人信息

受保密协议严格保护，请安心使用

背 面

√ 情绪与压力调节	√ 职涯规划
√ 与家人沟通职业变化	√ 简历与面试准备
√ 转变后的生活安排	√ 新工作环境适应
√ 过渡期财务计划	√ 人际关系
√ 心身健康问题	√ 更多工作生活话题

在职涯转换期间，您可能会遇到一些生活和工作上的挑战，您可以拨打热线，预约专属顾问，在6个月内最多享有×次面对面咨询及无限次的电话咨询，获得专业的视角与协助。

3.资源列表

相关社会机构

机构名称	职能与业务	工作时间	联系方式	地址
北京市海淀区社会保险基金管理中心万寿路分中心	可办理失业保险、社保信息查询或转移等社保业务	星期一至星期五 9:00—12:00 13:30—17:00 法定节假日按照国家规定执行	010–12333 010–68940680 http://rsj.beijing.gov.cn	北京市海淀区万寿路西街2号文博大厦二层
上海市人力资源和社会保障局	可办理失业保险、社保信息查询或转移等社保业务	周一至周五 9：00—17：30 法定节假日按照国家规定执行	021–12333 021–23111111 http://rsj.sh.gov.cn	上海市世博村路300号
深圳市社会保险基金管理局	可办理失业保险、社保信息查询或转移等社保业务	周一至周五 9:30—12:00 14:00—17:00 周末、节假日不办公	0755–12333 0755–88123908 http://hrss.sz.gov.cn/szsi	深圳市福田区深南大道8005号深圳人才园5楼

网络资源

常用网站		行业网站	
智联招聘	www.zhaopin.com	电子英才网	www.elehr.com
拉勾网	www.lagou.com	上海国际人才网	www.sh–italent.cn
BOSS直聘	www.zhipin.com		

4.费用结算与报销

顾问工时统计	工作完结当日按实际工作小时数报由项目经理××统计
餐费标准	×元/天，需提供发票
酒店与交通费	按发票金额实报实销，请务必向酒店、航空公司等索要报销凭证
发票信息	抬头：××（中国）有限公司，税号：9111011××××××××××
报销要求	工作结束后24小时内将相关票据、差旅明细交到行政同事××处
其他	任何疑问请向行政同事××询问，联系方式：138××××××××，010–×××××××× 票据寄送地址：北京市朝阳区××××××××

十四、在组织危机/变革中如何运用五阶段心理模型

伊丽莎白·库伯勒–罗斯在1969年提出了著名的“哀伤五阶段模

型”（Grieving Process），并在之后把该模型从“由死亡引起的哀伤”扩展到“关系的丧失”“药物滥用戒断”等领域。尽管一直以来该模型受到了很多质疑和反对——反对者认为并不是所有人的哀伤过程都会按这样的顺序阶段进行，或者并不一定会经历所有的阶段，但这并不妨碍人们在危机实践和变革管理中使用该模型来理解受影响者的心理反应和变化，以便做出恰当的回应和支持。因为经历变革的人们普遍会经历“失去工作”“结束关系”，以及工作内容和人际关系的“被迫改变”，我们在实践中也观察到与哀伤过程类似的生理、心理和行为反应。

在表4–3中，我们将尝试按照五阶段模型，分别描述由死亡或关系丧失引发的哀伤反应，以组织变革为背景的不同阶段的反应和言行表现，个体在该阶段的心理需求和任务，心理工作者的干预任务，以及组织管理者在该阶段的工作任务关键词。

表4-3　组织危机/变革中的五阶段心理模型

五阶段模型	否认/震惊 (Denial)	愤怒 (Anger)	讨价还价 (Bargaining)	沮丧 (Depression)	接受 (Acceptance)
个体反应	震惊，恍惚，麻木，隔离，否认，回避	慌乱，委屈，迁怒，愧疚，自责，攻击性	挣扎，悔恨，理想化，寻求和解	无力感，悲伤，忧郁，失望，虚无感，孤单无助感	正常化，释然，解脱，希望感，开放性与灵活性增加
由死亡和关系丧失引发的反应特征	对于亲友死亡的消息有强烈的不真实感； 拒绝相信绝症的诊断报告； 不能接受关系已经结束的事实； 好像事情没发生一样	感觉到不公平； 认为事情不应该发生； 责备自己或他人； 要求有人为此负责； 冲动控制力下降	感到后悔； 反复幻想各种避免死亡或丧失发生的可能性； 对逝者、自己及关系理想化； 想“假如……”	意识到死亡和丧失不可避免； 沉浸在悲伤和绝望中； 感到失去活力，退缩、消极； 失去自信、意义感、目标感和行动力； 感到内疚，有负罪感	有能力接纳现实和当下处境； 享受平和平静的状态； 可以建立新的健康的关系； 恢复自主与自信； 开始关注未来； 有改变或行动的动力
组织变革背景下的反应特征	不认为变革会发生或者即使发生了也和自己没关系；觉得变革没有用；拒绝改变现在的工作模式；维持现状。例如，有些同事在听到企业要调整岗位的消息时抱怨“说不定过两天又变回来了”“这就是瞎折腾”；有些员工在被解聘后还像什么没发生一样正常来上班	容易被激惹，表现得更为防御和对立，对于公平、权和利更为敏感。例如“为什么解聘我？××比我绩效还差！”“事情变成这样都是××的责任！”“为什么事先没有任何征兆？”“都是××乱搞一气！”“我就不该听你的！”“你凭什么……”	希望通过讨价还价改变已经发生的事实或回到变革之前，或是企图通过代偿的方式恢复平衡感。例如，在裁员面谈中要求再得到一次绩效改进的机会，或在岗位变化时要求企业承诺新岗位能有更好的发展。“如果当初我们……就不会……”“只要……我就……”	感到舒适区被打破了，对组织或未来没有信心，觉得茫然无助，在新岗位上缺少主动性和行动力，效能感下降，倦怠感和离职意愿上升。例如“我做不到”“这事儿太难了”“心累”“做这些有什么用？”“我不知道……”“这活干不下去了”“太失败了”“没人帮我”“我完了”	通常大部分留在组织中的同事，经过一段时间都能够接受组织变革的事实，开始主动地为达成组织的新目标而行动。而被动或主动离开的同事，通过重新定位自己与工作的关系，也会找到新的职涯方向

续表

五阶段模型	否认/震惊 (Denial)	愤怒 (Anger)	讨价还价 (Bargaining)	沮丧 (Depression)	接受 (Acceptance)
个体的内在需要	自我保护，回避/延缓冲击	责任分担，保持力量感，避免边界受损，寻求帮助，损失代偿，回避恐惧	恢复自信和掌控感	建立新的自我身份，寻找意义	获得希望，重建平衡
个体的任务	面对现实	承认丧失（变化）已经发生，维持基本生活的锚定点，体认内在和外在的经历，与痛苦和失落共处，保持连接，探寻意义与价值			将已经丧失的（关系、经历）转化为“人生故事”的一部分； 更新对自我和环境的认知； 允许自己选择新的尝试
心理工作者的干预任务	增加现实感	协助体认和处理已经表达或潜在的情感 协助克服再适应过程中的障碍 保护自主性恢复过程，强化自信的恢复 识别严重哀伤或异常状态并转介，识别风险并提示组织			鼓励当事人以健康的方式向“丧失的”告别； 协助当事人重新进行自我认知； 鼓励当事人将情感投注到新的关系中
管理者工作任务关键词	关注、陪伴、现实感 保持关注，防范安全风险突发，提供支持性的陪伴，不急于去改变他的目前状态，而是通过仪式化或帮助其处理现实事务，逐渐增加其现实感	看见、回应、边界 让愤怒和委屈的感受被看见、被听到。评估对方情绪的激烈程度，做出相应的回应：自我保护、厘清边界、表达共情、回应感受、探讨有效的行动计划	价值、转化、行动 将后悔转化成意义和价值的探索，将理想化转化为目标，进而开展有效的行动	接纳、稳定、肯定 接纳“无常”才是常态，接纳暂时的低落是正常的情绪反应，通过安全稳定的对象找回稳定感，通过肯定激活改变的动力	自主、愿景、连接 保护其自主性，促进同事的参与感、归属感和价值感，强化同事之间的连接，建立组织愿景/目标和同事之间的关联感

十五、变革后期/危机后组织韧性提升策略应该怎么设计

组织韧性，也被称为组织弹性、组织应变力、组织复原力或组织抗逆力，现实中这些名词常常被混用，一方面是翻译的原因，另一方面是因为在学术界对组织韧性的定义有两种不太一致的观点。A类观点强调“恢复”，即关注组织在经历危机后如何恢复到危机前的状况，重点放在危机应对策略和快速恢复预期水平的能力上。B类观点强调“发展”，即认为危机是组织可持续发展的一部分，重点放在组织如何能够利用危机带来的挑战和变化而达成发展的能力上。学术观点上的不同能帮助我们更全面地了解组织韧性对组织的意义，在实践操作中，这两种观点其实并不冲突。从实践的需要出发，组织韧性可以拆解成五种基础力：觉察力、连接力、转化力、整合力、行动力。无论组织在危机后是关注恢复还是聚焦发展，这几种能力都是不可或缺的。下面分别对组织韧性的五种基础力进行描述。

觉察力：时时主动地对组织所处的内外部环境与现状进行客观评估，培养组织成员的自我觉察能力与情境体验敏感性，鼓励开放的表达。

连接力：包括组织所处生态环境的连接、组织愿景与成员工作意义感之间的连接、组织内部成员之间的连接。

转化力：化危为机，适时而动，顺势借力。保护组织成员的主动性，增强组织成员的灵活性。

整合力：正如哀悼并不是要遗忘，而是要为过往的经历、失去的人和关系在记忆中找到恰当的位置，整合完成新的自我认知，继续当下的生活与未来的人生。组织的整合力也意味着即使在变革中也不否定组织的过往和历史，而是要不断地确认和接纳组织的优势和不足，在变革后期帮助组织成员重新定位其在组织中的角色和位置。

行动力：将愿景、想法、情绪转化为对组织与个人目标有益的行动，在行动中完成觉察、连接、转化与整合，持续提升组织韧性。

因此，组织韧性提升策略的选择，既要考虑组织成员在变革和危机中的身心反应和心理过程阶段，也要考虑提升策略究竟对哪些基础力更有益处，是不是符合组织当下的状况。表4-4中列出了部分变革后期/危机后常用的策略及其与组织韧性五种基础力之间的关系。

表4-4　韧性提升策略与基础力关联表

策略	描述	关联基础力
替代性创伤评估	为提供危机支持的专业顾问及工作人员提供替代性创伤（成长）评估	觉察力
回访/转介	为有需要的个人提供必要的评估与专业帮助	觉察力/连接力
团体督导	为提供危机支持（变革管理）的专业顾问及工作人员提供团体督导	觉察力/连接力
一对一教练/督导	帮助个人利用危机/变革的时机，获得自我成长	觉察力/转化力/整合力
特定设计的团建活动	修复团队凝聚力，修复团队表达力，促进团队沟通	连接力/整合力
相关主题的赋能	定制主题培训与训练：将对危机/变革的恐惧与焦虑，转化成学习相关知识、能力的动力	转化力/行动力
修正危机/变革管理体系	对组织原有的风险管理与危机响应体系、评估工具、危机响应预案与流程等进行修订	转化力/整合力/行动力
合作对话	组织不同的群体以“合作对话”的形式，对相关主题展开持续的交流并制订行动计划	连接力/转化力/行动力
优化行动	借由成员对“变化”的思考，优化现有的流程、制度、结构、业务方式等，并阶段性地向成员反馈优化结果	觉察力/转化力/行动力

除了专门的韧性提升策略计划，组织日常的管理行动也同样能够达到提升组织五种基础力的作用。例如，很多组织都会有团队例会、业务讨论会，会议本身就是在为成员提供连接的机会，可以在会议过程中增加一些小环节，强化连接的功能性。又如，述职面谈就是管理者和员工共同提升觉察力与整合力的好时机。因此，我们说的提升组织韧性并不局限于特定形式，在组织现有的运营惯例和管理动作中也完全有可能达成组织韧性的提升。这就需要组织领导者和管理层有相应的意识和思维习惯，当然，也可以邀请专业顾问参与变革后期/危机后组织韧性提升策略计划的设计。

第五部分

危机现场支持

案例▼

“生命本就是一次无归的航程”：普吉岛海难的危机现场支持

2018年7月5日17点45分左右，两艘载有127名中国游客的船只在返回普吉岛途中，突遇特大暴风雨，分别在珊瑚岛和梅通岛发生倾覆，47名中国游客遇难。其中两名遇难者是我当时所服务的A公司的员工，于是我和另一名心理顾问被派往普吉岛加入A公司的现场危机工作小组，为遇难员工的亲属提供现场心理支持。从7月8日到达普吉岛，到14日离开，在普吉岛工作的7天时间里，让我印象最深的是一天下午我们（危机小组）陪同遇难者家属到码头进行的“招魂仪式”。这是他们地方的风俗，当有人在异乡死亡或在海上遇难时，人们认为流落在外的魂魄会找不到归途，所以在仪式过程中，逝者的亲人需要在海边高声呼喊逝者的名字，引导逝者的魂魄回家。这是鼓励情绪释放的时刻，亲属无须保持压抑和克制，可以大声地哭喊，将内心的悲痛完全地宣泄出来，每一个在场的人，都有可能被这汹涌的情绪洪流卷入其中。而作为现场的心理顾问，我们的任务之一是要保持清醒的判断，识别有风险的信号，避免过度宣泄造成损害或次生危机。“与情绪保持一点距离”是很多心理顾问在危机现场还能保持清醒判断的“技能”，但在工作中被隔离的情绪，有时会在结束一天的危机支持工作后慢慢浮上来，有时会在很久之后的某个时机突然出现。观察并记录下这些感受和念头对于我来说是一种有效的恢复心理能量的方式。

“我们总是会忘记，生命本就是一次无归的航程，或许，唯有听到爱的呼唤，灵魂才能找到回家的方向。”在完成“招魂仪式”的当天夜里，我斜靠在酒店的床上写下这段话。当时我的脑海中浮现出很多画面，其中一些是下午看到的：阴郁低沉的云，码头摆着表达哀悼的花朵，瘫坐在地上的老人，茫然混浊的眼睛久久凝视着灰色的海面却没有泪水。还有一些画面是来普吉岛时在飞机上看到的：晴空万里、风平浪静的普吉岛海域，翡翠色的海水如画般美丽，坐在我身边的是一对父女，女孩七八岁，笑起来很甜，他们一家四口正要前往普吉岛度假。这些画面在我的脑海中交织出现却毫无违和感，就像鲁迅先生说的，“人类的悲欢并不相通”。可若真是如此，“只觉得他们吵闹”的鲁迅先生所写下的文字又怎会引起那么多人的共鸣呢？或许正是因为沉浸在人类的悲欢当中，才需要用“不相通”来保持“清醒”，以避免被情感的洪流淹没窒息吧。或许“不相通”也是一种自我保护的技能，而通过文学的方式让“不相通”升华成“共鸣”，正是他完成自我救赎的过程。又或许，我那晚写下的文字，此刻写下的书稿，也是在进行自我疗愈与救赎。

“招魂仪式”现场

风平浪静的普吉岛海域

但并不是每个危机工作者都能找到在高强度的情感冲击下保护自己的方法，事实上，我常常看到一些从事危机工作的人，他们可能会准备一些安全措施以保护自己的人身安全，却没有意识到他们正在从事的工作，是需要“心理防护”的。也是在那天夜里，与我们一起工作的泰国华人志愿者阿L在微信朋友圈发布了一条动态：“种种画面磨灭不掉，自己好像陷进去了，很压抑和恍惚，希望大家都挺过这一关！”我看到之后连夜请北京的同事“大王”整理了一些救援者自我心理保护的科普资料，在第二天发给了阿L和我认识的其他两位志愿者，并请他们转发到华人志愿者群中。我和阿L也因此有了更多的交流。她告诉我，她在泰国生活工作了很多年，这次的沉船事件影响很大，当地的华人都想为遇难者及其家属提供一些帮助。于是，一些商会组织的志愿者团体和在泰华人自发组织的志愿者团体承担了一些遇难者及其家属的接待、用车、翻译工作，阿L的丈夫会潜水，所以主动参与了失踪者的水下搜寻和遗体打捞工作。但是，这两天天气不好，沉船搜救有风险，她担心丈夫的安全，而且她家里还有年幼的孩子需要照顾。每天进行长时间、高强度的志愿工作，导致她的精神也一直是处于紧绷的状态，要面对遇难者家属的悲伤和愤怒，她感到很无力。阿L的感受和困扰，是很多危机工作者都会遇到的。有些危机工作者在危机工作过程中就出现了明显的压力过载表现，甚至有严重的应激反应，在工作结束之后也需要很长时间的调整才能恢复常态，也有些人因此留下心理创伤。但还有些人似乎是“天生的”危机工作者，他们对于在危机的情境中工作表现得游刃有余，在工作结束后也能快速地转换状态，回到日常生活中来，甚至有一些人感到自己在危机工作中获得了成长和升华。那么，是什么因素造成了不同的结果呢？危机现场的心理支持工作有什么特点？危机现场的心理工作者要如何保护自己？从事危机工作的机构与团队应该为危机工作者提供怎样的支持？我想以这次海难的危机现场支持为背景，在本部分对这些问题进行讨论。

一、危机现场支持究竟是在支持什么

危机现场的心理工作者不进行心理分析和心理咨询，也不提供系统的心理治疗，而是以观察者、倾听者、协助者、心理急救员、资源引导者的身份，提供以下三个方面的支持：

- 为现场的人员提供应急性心理支持。
- 为应急响应团队的决策提供心理相关的评估性参考信息与建议。
- 为应急响应团队成员提供应急性和稳定性心理支持。

具体做些什么？

❶ 信息收集与梳理

在信息收集与梳理的过程中，与应急响应团队一起澄清目前面临的状况、盘点资源、发现风险和工作关键点，为后期决策完成必要的信息储备，包括：

- 背景及现场信息梳理。
- 收集、梳理危机现场人员的相关信息，包括：相关组织信息、人口学信息、关键事件、情绪状态、对事件的认知等。
- 梳理应急工作团队成员背景、角色与状态，以及团队可用资源（如志愿者、协同的其他团队、外部资源等）。

❷ 现场观察与风险预判干预

- 现场环境观察，移除安全风险物品，引导现场人员在相对稳定、安静、有序的环境中工作或等待。
- 对于容易引起情绪刺激的环境进行预判，并进行提示、隔离、保护等干预。

- 身体需求是重要却又常常被忽略的，饥饿和疲惫会带来更多烦躁和沮丧的感觉，也会降低我们的情绪调节能力。在初始阶段，心理工作者会更为主动地关注和照料现场人员及危机响应团队工作人员的饮食休息，逐渐影响和促成团队其他成员和现场人员也注意身体需求的重要性，能够相互提醒并主动照顾自己和其他人的身体需求。

3 支持危机现场人员

- 时时评估现场人员的身体状况、情绪状态、整体压力状况，给予相应改善建议。
- 情绪爆发时进行应急性干预。
- 全程在场，在重要时刻（如死亡告知时刻）提供在场支持。
- 对可能出现的情绪风险进行预判并提前干预。
- 在恰当的时机为在场人员提供心理科普与放松练习。
- 为在场人员提供持续的压力管理建议，解答相关心理问题。

4 支持危机响应团队

- 在初期与危机响应团队一起对团队成员的分工与角色进行盘点并给出建议，建立工作角色心理边界，及时发现并提示团队成员在情感上的过度卷入表现，减少替代性创伤的影响，进行评估和初步干预后，给出撤离前线或保持关注的建议。
- 与危机响应团队成员一起澄清工作目标、责任、边界、各自的角色、工作方式与流程等。从心理角度给出具体建议。

- 在事件处理的不同阶段给予危机响应团队成员一些能够更好地可持续工作的“小贴士”。关注团队成员的身心状态，在恰当的时间进行支持性谈话。
- 给出危机现场沟通的可操作性建议。
- 在当天工作结束时与危机响应团队一起进行反馈和总结。
- 现场应急工作整体结束时，为危机响应团队成员提供“替代性创伤”“心理韧性”“替代性创伤后成长”的相关资料及专业恢复建议。
- 现场应急工作结束时，与危机响应团队成员一起对整个事件的感受和想法进行梳理，让团队成员有机会将一些感受留在身后，完成一个结束的动作，不必负重前行。

二、危机现场支持的“四不要”

危机现场情境的特殊性决定了心理工作者的工作目标与工作方式，与正常情境下的心理咨询/治疗有着本质的不同。特别是在组织中或被组织聘任从事危机现场支持工作的心理工作者，更要遵循相应的行动准则与限制。

1 不要以组织代表或受助者代表的身份发表言论或做出承诺

心理工作者的首要身份是“专业工作者”，这是公众、组织和受助者对心理工作者的角色期待和认知，其发表的言论、建议、评估和判断都应当符合其专业中立的角色。尚不论心理工作者没有权力代表组织或受助者，即使在被授权的情况下，代表组织或受助者的发言或行动，都会使其丧失第三方的中立立场，从而影响其专业信任度，甚至使其专业工作失效。

❷ 不要在危机现场支持的过程中进行“研究”或“实验”

危机现场作为一个特殊情境，是非常“难得”的研究实验场景，也是危机相关研究的必需要件。在汶川地震后，就曾出现过心理学工作者涌入灾区，在进行心理援助的同时开展相关“研究”。一些灾民被“过度干预”，还要“配合”研究者填答繁复的调研问卷，以至于当时在灾区流传着“防火、防盗、防咨询师”的段子。当然，如今要进行此类研究时，需要经过严格的伦理审查。但作为受组织聘任的心理工作者，在危机现场进行工作时，其工作目标和内容都应在与组织约定的范围内，并排除有可能影响工作效能和效果的其他行动（包括进行研究或实验）。

❸ 不要开启一个需要进行系统咨询（如哀伤咨询/治疗、精神分析、认知行为治疗等）的话题或使用复杂的咨询技术/工具。（如沙盘、心理剧等）

危机打开了一个缺口，通过这个缺口，当事人更容易展现出脆弱、深层、复杂的心理创面，并可能激活其过往的心理创伤。面对这样的现实，心理工作者更需要意识到在危机现场工作时“节制”的重要性。危机现场在时间和空间上都不支持心理工作者对那些过于复杂和严重的心理问题进行彻底的处理，如同在战场上医生会先对受伤的人进行简单的处置，回到营地后再进行手术，而没有一个医生会在战场上就实施手术的。当然，在危机现场向当事人展示一堆花哨复杂的工具/玩具，也并不是一个专业且明智的举动。

4 不要过度帮助

在危机现场受难者表现出来的脆弱性和无助感，或组织因危机而呈现出来的混乱无措，可能会引发心理工作者的强烈共情，从而使其承担起“拯救者”的角色，甚至代替组织做决定，为受助者“事事代劳”。却不知，这样既破坏了组织在危机工作中的主导性，也可能阻碍了受助者在危机中自主性的恢复。因此，心理工作者可以给出专业的建议和判断，但仍要尊重组织在危机工作中的主导性，听从危机响应团队领导者的安排。对于受助者并不是全方位地“照顾”，而是时时评估其应激反应和心理功能的恢复过程，保护其自主性和效能感，提供必要的帮助。

三、如何帮助失去了挚爱亲朋的当事人

你可以这样做：

- 向在悲痛中的人保证，他们正在体验的一切是可以被理解的、合理的。
- 使用遇难者的名字来称呼，而不要用“死者”等字眼。
- 让他们知道，他们很可能会持续经历悲痛、孤独和愤怒的时期。
- 在最初的阶段，关注他们基本生活和安全的保障，如是否漏服药物、对行为环境安全能否注意。
- 如果他们需要，告诉他们如何能够获得事务性或生活上的协助。
- 如果他们愿意与你谈论，用心倾听。
- 告诉他们，如果他们持续体验到悲痛或抑郁，并影响到他们的日常生活，与专长于处理悲伤的咨询师联系是明智的。
- 告诉他们，组织EAP项目（如果有）能提供的支持，或当地的精神卫生中心或医院会指引他们得到适当的服务。

请不要这么说：

- 我了解你的感受。
- 这可能是出于好意的。
- 他现在离开更好。
- 这是他离开的时候了。
- 起码他走得很快。
- 让我们说说其他一些事吧。
- 你应该向前跨越这些。
- 你足够强大去处理这些。
- 他走得很轻松，你应该感到高兴。
- 一切都会好起来的。
- 你会很快好起来的。
- 你已经做了你能做的一切了。
- 你需要悲伤。
- 你需要放松。
- 你还活着，这很好。
- 那些没把我们打倒的灾难，会让我们更强大。
- 你还有你的兄弟/姐妹/母亲，已经不算太坏了。
- 这一切没有超出我们所能承受的。
- 有一天你会有一个答案的。
- 幸好没有其他人死了。
- （对一个孩子说）你现在是这个家里的一个大人了。

如果处于悲痛中的人们说出上述的话，你可以给予尊重地承认他们的感受或想法，但不要由你发起这些话题。

四、由组织提供的哀伤咨询要注意什么

一些组织基于关怀员工、安抚家属、稳定团队、促进团队效能感恢复、减少相关病假与医疗报销、预防相关危机、履行组织文化与价值观、承担社会责任等原因，愿意为组织成员或家属提供哀伤辅导的专业支持资源，这是由组织付费、为经历了亲友或同事死亡的组织成员或家属提供的、由第三方专业心理机构/心理工作者进行的专业工作。组织和心理工作者都需要意识到，这既区别于在危机现场或危机初期提供的心理危机干预，又区别于由医疗机构提供的处理“复杂哀伤”的心理治疗，也区别于由国家或社区提供的公益性咨询。因此，结合哀伤咨询/辅导在专业上的常规要求，以及由组织提供的哀伤辅导的特殊情境，有一些原则和程序供组织和心理工作者参考。为了便于理解，以下用“当事人”代表接受咨询的组织成员或其家属。

（1）基本条件：仅适用于正常/简单哀伤，当事人自愿使用。

（2）组织与心理机构/心理工作者对咨询的目的、限制、次数/期限、保密承诺、责任与权利、转介程序、付费等相关事宜均有清楚约定。并告知当事人。

（3）正常哀伤咨询通常不早于哀悼仪式后的一周开始，建议计划合约至少包含10次咨询，并涵盖周年忌日及重要日期回访咨询。

（4）正常哀伤咨询的目标是帮助当事人在合理的时间范围内，以一种不复杂的，或正常的方式，使悲伤朝着健康的方向发展。

（5）帮助当事人释放情绪，接受现实，处理哀伤反应，建立连接，寻找意义，发现和使用对继续生活有利的内在资源与外在资源，适应没有逝者的环境。

（6）帮助当事人接受差异化的哀伤反应与过程，找到自己的恢复节奏。

（7）咨询过程中持续评估鉴别是否超出了正常/简单的哀伤，或有其他需要转介的情况，及时转介。

（8）完善的书面文件，包括：心理机构/心理工作者与组织的合约、心理机构与当事人的合约（责权告知书）、保密协议、当事人资料与评估文件、咨询记录、督导记录及相关文件保存与保密规则等。

沃顿在第五版的《哀伤咨询与哀伤治疗》（Worden，2018）中将自己在1982年提出的哀悼的四个基本任务修订为：（1）接受丧失的现实（理性上和情感上）。（2）处理哀伤痛苦（生理上、心理上和精神/灵性上）。（3）适应没有逝者的世界（内心世界与外部世界）。（4）找到一种方式来纪念逝者，同时开始余生的旅程。

沃顿（Worden，2018）总结了10个可以帮助哀伤咨询变得更为有效的原则：（1）帮助丧亲者面对现实。（2）识别和体验不同的哀伤感受。（3）适应逝者离去后的生活。（4）寻找丧失的意义。（5）寻找纪念逝者的方式。（6）给自己时间哀悼（让当事人和周围的人知道哀伤恢复是需要时间的，不要催促或期待哀伤很快消失。勿在周年日或特殊日子联系当事人）。（7）理解什么是"正常"的哀伤行为。（8）允许个体差异。（9）检查防御和应对方式。（10）检测病理性哀伤及转介。

陈维樑（陈维樑、钟莠莏，2006）认为，正常的哀伤咨询的程序，包括：

（1）排除生理上的疾病。

（2）建立合约与工作关系。

（3）促进对逝者的记忆及情感的抒发。

（4）处理因回忆引发的情绪。

（5）发掘并淡化连接物。

（6）承认失落的终极性。

（7）评估四项哀伤任务是否完成。

（8）协助当事人作最后的道别。

五、什么人更适合从事与危机相关的工作

无论是出于热爱还是岗位职责的要求，危机工作者都需要学习相关的知识与技能，并加以练习和实践，尽量在有团队支持的情况下工作。除此之外，如果危机工作者具备某些特质，会对其从事危机工作更有助益。这些特质包括：

敬畏心。敬畏不是退缩或回避风险，而是“尊重自然的规律和法则，相信每一个生命都有自己应对危机的节奏和力量”，这意味着危机工作者在正视自己的“有限”与“无力”之后，坚定地相信并能发现自然与生命的伟大之处，对生命与自然存有敬畏之心的危机工作者，能够传递出更多的善意与希望。越是在生死存亡的危急时刻，敬畏之心就越珍贵，因为“弱小和无知不是生存的障碍，傲慢才是”（《三体》）。

从容稳定。贝尔金（Belkin）认为，“危机工作者能够提供的最有意义的帮助，就是保持冷静、镇定和将情况掌握在自己的控制之下”。这绝不是假装自己不害怕或不愤怒，而是在对危机的情境、人们的反应及自己的情绪有足够的理解和包容的基础上所呈现出的理性与从容，这样的危机工作者以自身为示范，能营造出一种氛围，使人们觉得可以有条不紊地采取行动，逐渐恢复平衡。

洞察力。包括对自身情绪与反应的自我觉察能力，对支持对象与周围人情绪反应的感受与共情能力，对风险的识别与判断力，对资源、积

极因素、关键时机的敏感性等。

快速反应力。危机工作，特别是危机现场支持工作，相对于临床的心理治疗，需要更多的主动性、互动性和指导性，危机顾问的工作就是要对不断发生和变化的情境做出即时的判断和反应。例如，在危机管理会议中，危机顾问需要在短短的几十分钟内，从繁杂的信息中梳理出关键问题，同时提出应对思路，并给出建议。而“过后回复”“先研究再决定”“回去查资料”等看似严谨的动作，在紧急情况下将引发失望和信任危机。

创造性与灵活性。没有完全相同的危机情境，也没有哪一个培训能教给危机工作者应对所有危机的“标准答案”，系统的学习和经常的训练能够提高受训者的熟练程度，并提升受训者的自信。但那些乐于挑战解决复杂问题，并能在困难情境中发挥灵活性与创造性思维能力的个体，更能在危机情境下“随机应变”，为达成目标而进行有弹性的工作。

精力充沛。在危机现场支持工作中，一天工作时间在12个小时以上是常态。所以，如果有人问我，作为危机现场支持顾问需要具备哪些素质？那么“身体好、精力充沛”一定是排在前列的。在危机现场随时都有可能目睹、听到，甚至亲历让人肾上腺素飙升的场景，因此危机顾问还需要保持高度的注意力和反应力。除了有健康的身体基础，还要懂得在这样高强度的工作后如何让自己放松，吃好睡好，从身体和心理上照顾好自己，保持精力消耗与恢复的平衡，避免耗竭。

复原力。在充满不确定性、困难、反复失败、缺少希望的危机工作中，复原力可以说是危机工作者最重要的特质，复原力能保护危机工作者，减少危机带来的损害，提高其在危机工作中的效能。对一些人来说，危机工作或经历危机情境，也能提升其复原力。因此，我们会在下面用单独的小节具体聊一聊复原力。

六、危机工作者的自我照顾

在进行危机工作前，你需要考虑将要面临的工作处境，以及在个人、家庭、环境方面是否存在可能不适合危机工作的状况，例如：

- 你在从事危机工作时的慰藉能力（在悲伤或痛苦时给予希望或帮助的能力）。
- 能否与体验着强烈痛苦并伴有尖叫、歇斯底里的哭泣、愤怒或退行等极端反应的求助者工作？
- 能否在危险、混乱、不可预知的环境下工作？
- 你对于某些特定危机情境的过于强烈的反应。
- 近期的手术或药物治疗。
- 近期的情绪或心理问题。
- 过去6—12个月人生的重大变化或丧失。
- 是否有一些未解决的家庭或人际关系问题会影响你的危机工作？
- 在你完成工作之后，是否会有一个良好的支持性环境欢迎你的归来？

在进行危机工作的过程中，你需要与你的团队配合工作，照顾好彼此的心理与身体需求，劳逸结合，可以这样做：

- 采用轮班、强制休息等方式控制工作时间，保证基本、规律的休息，避免耗竭。
- 尽量安排好自己的一日三餐，或抓紧间隙喝水、吃饭、休息、放松。
- 感觉到陷入困境时，回想过往有哪些办法曾经有效地帮助了你。

- 避免使用酒精或药物来放松，减少依靠咖啡因或尼古丁来保持兴奋。
- 在危机工作中，无力感几乎是不可避免的，要提醒自己，你的责任不是解决所有人的问题，而是尽可能地让人们找到自己的应对方式、支持资源和恢复节奏。
- 与你的团队和同事保持沟通，互相帮助和配合。
- 保持思考，与值得信任的人交流或写下自己的感想。
- 知道自己可以随时停止工作和退出。

在危机工作结束后，除了身体上的休息和恢复，也不能忽视危机工作对我们的心理影响。危机现场的工作结束后，你仍有一些个人工作需要完成，例如：

- 与你的同事、团队或督导讲述你在危机工作中的体验。
- 与你的朋友或信任的人，分享不涉及需要保密的危机工作的感受和经历。
- 总结自己在这次危机工作中是如何给他人带来帮助的。
- 发现还可以改进的部分，但也要认识到当时无法做到更好的客观原因。
- 在开始下一次危机工作前要获得足够的休息和恢复。
- 如果发现自己反复回忆危机情境，并有强烈的情感反应（如非常紧张焦虑、极度悲痛、异常愤怒等）和生理行为反应（如睡眠困难、过度依赖酒精或药物等），你可以从你信任的人或专业督导那里获得帮助。如果这些情况持续超过一个月，应主动寻求心理医生的帮助。

任何时候，都应先照顾好自己，再帮助他人。

七、危机工作者进行自我保护的误区

危机工作者应避免：

- 长时间没有同事，单独工作。
- “昼夜不停”地工作，很少休息。
- 消极的自我暗示，强化失败或无能的情绪。
- 过度使用食物/药物作为支持。

危机工作者自我照顾的常见误区：

- “花时间休息是自私的。”
- “其他人昼夜不停地工作，我也该如此。”
- “被救助者的需要比救助者的需要更重要。”
- “我可以通过一直工作最大限度地奉献。”
- “这些事情都只有我能做。”

八、什么是替代性创伤

危机工作者虽然没有亲身经历危机，但因为工作情境或工作对象携带了大量的创伤信息，以及工作者自身的情感能量透支，因而也会成为创伤的易感人群。

了解什么是替代性创伤，对自己保持觉察，并有效地激活自己内在心理韧性因子，或许就能够在这样艰难的工作之后收获成长。

在此需要说明两个概念。

同情疲劳：即使是经验丰富的专业人士或训练有素的工作者，也有可能因为长期照顾各种经历了重大事件或创伤的当事人，而感到类似被卷入的情感痛苦。

同情疲劳也被称为继发性创伤应激（STS），是指通过与另一个人的危机经历一起工作而不断暴露于创伤事件后感到不堪重负（Figley & Kleber）。

替代性创伤（VT）：当事人提供的故事中可能会诱发创伤的经历，改变护理人员的想法、感受和信念。（McCann & Pearlman）它与继发性创伤应激不同，因为它更多是受与创伤幸存者共同工作的长期影响。（Zurbriggen）

替代性创伤的症状：

- 职业倦怠和耗竭，出现社会性退缩。
- 绝望、软弱、内疚和羞耻。
- 怀疑自己职业的价值。
- 出现厌食、睡眠障碍、做噩梦等问题。
- 注意力分散和决策困难。
- 内心本体感和平衡感的变化，难以体验强烈的情感。

如果觉察到自己出现替代性创伤的症状，应及时向专业心理督导师寻求帮助。并告知你的危机团队或所在机构的管理者，你们需要共同评估你目前的状况是否适合继续进行危机工作，你也可以从他们那里获得相应的组织支持。

九、什么是替代性创伤后成长

与体现为继发性创伤应激和替代性创伤的创伤工作的有害影响相反，阿诺德（Arnold）、卡尔霍恩（Calhoun）、特德斯奇（Tedeschi）和卡恩（Cann）发现，在他们的研究样本中，86%的治疗师都表示与创伤幸存者一起工作让他们收获了很多东西，比如敏感性、同情心、洞察力和宽容。

有一些治疗师也谈到与创伤幸存者工作加深了他们对人类精神的赞赏。阿诺德把这种现象称作替代性创伤后成长。

赫尔曼（Herman）认为，在创伤性领域工作丰富了工作者的生活，增加了他们对生命的感激及对自我与他人的理解，能够使他们形成新的关系和深化现有的关系。

珀尔曼（Pearlman）认为，与创伤幸存者工作可以促使个体成长，加深与他人的关系，增加个人经验，增强对生活的许多方面的意识。

在2003年的一项研究中，贝尔（Bell）发现，研究样本中有40%的在家庭暴力领域工作的治疗师变得更加感激生活，更珍惜与重要之人的关系，而更少地评判。

危机工作给了我们更多接触创伤的机会，这些带有强大能量的创伤信息，可能会让我们感受到痛苦，但我们也有机会从这些艰难痛苦的经历中，更深刻地了解和发现自己，看到自己的潜能。

十、什么是抗逆力、复原力或心理韧性

心理韧性的英文为resilience，我国学者也有将其译为“心理弹性”“复原力”“压弹”“抗逆力”的，意指曾经历或正经历严重压力/逆境/危机事件的个体，其身心未受到逆境的损伤性影响，甚至愈挫愈坚的发展现象。

针对儿童青少年心理韧性的大量研究发现，儿时曾经经历严重压力/逆境，长大后未出现明显心理社会功能问题者的比例相当可观（Bonanno，Fergusson & Lynskey，Masten，Parnas et al.）；更有数据表明，纵使童年期遭遇严重压力、危险和逆境，至成年期发展出明显心理行为问题者亦不超半数（Cederblad，Martinez–Torteya，Bogat，von Eye，and

Levendosky, Parnas et al.)。

心理学家孔普弗（Kumpfer）认为，危机事件/压力事件造成了个体或系统失衡状态，从而激活了心理韧性过程，而心理韧性提升是人与环境、人与适应状态相互作用的积极结果，他整合了前人的研究成果，在1999年提出心理韧性的框架模型。该模型包括三个部分和两个过程，三个部分是指：（1）环境（包括两个方面：保护因素和危险因素）；（2）个体的心理韧性因子（包括五个因子：情绪/情感、身体、社会/行动能力、认知能力、精神力量）；（3）适应状态（三种状态：心理韧性提升、适应、适应不良）。两个过程，即个体—环境相互作用过程和心理韧性过程。

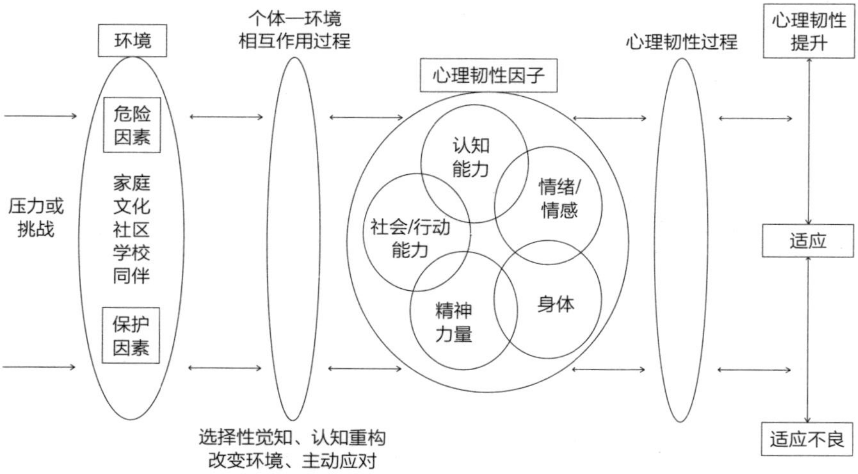

孔普弗的心理韧性因素—过程整合框架模型

十一、如何把环境中的危险因素转化为保护因素

“心理韧性”的研究者们发现，即使环境中存在对个体不利的危险因

素，个体也可以通过一些互动过程把危险因素转化为保护因素，这些互动过程包括：

选择性觉知。关注危机事件中的机遇、积极面、功能性价值。例如，参与海难事故救援的志愿者，虽然面临体力和心理上的双重挑战，但正是因为他们的帮助，很多遇难同胞家属在异国他乡感受到了温暖与安慰，志愿者也找到价值观类似的伙伴，形成了可以相互支持的团体。可能经过这次事件之后，志愿者的援助技能、心理素质和人际关系都得到了提升和拓展。

认知重构。发现对事件和环境认知中的非理性信念，重新调整自己的认知。例如，如果志愿者持有“被援助者现在非常悲伤，我必须满足被援助者的所有期望才能安慰他”的非理性信念时，就更容易引发无力和沮丧的感觉。可以替换的信念是：“被援助者正在经历一个艰难的时刻，我不知道如何才能有效地安慰他，当他需要时，我会尽力为他提供协助，陪伴他，倾听他，相信他会找到自己恢复的节奏和力量，但这或许是一个很长的过程。”

主动应对。变被动为主动，完成行动和心态之间的正向循环，将危机和不利的环境视为挑战，主动出击。那些在逆境中仍能心存“梦想”并有“计划”地去行动的人，都表现出更强的心理韧性。

十二、心理韧性的五大因子

对于危机工作者来说，需要在危机工作中对自己与环境的互动过程时刻保持觉知，并更多地采用这些有益的互动策略，同时，激活我们内在的心理韧性因子，也可以保护我们更好地应对危机。那么，我们有哪些心理韧性因子呢？

孔普弗总结了心理韧性的五大因子，包括：情绪/情感（情绪稳定性、情绪管理技能、幸福感、幽默感等），身体（健康的身体、健康保持技能、身体优势发展及身体吸引力等），社会/行动能力（同理心、人际社交技能、社会技能、问题解决能力、多元文化相处能力、两性相处能力、拒绝能力等），认知能力（智能、学习/工作能力、道德推理能力、洞见与反省能力、自尊保持与恢复能力、规划能力和创造力等），精神力量［乐观、希望、信仰系统、自主性、决心与毅力、目标（梦想）、内部控制源等］。

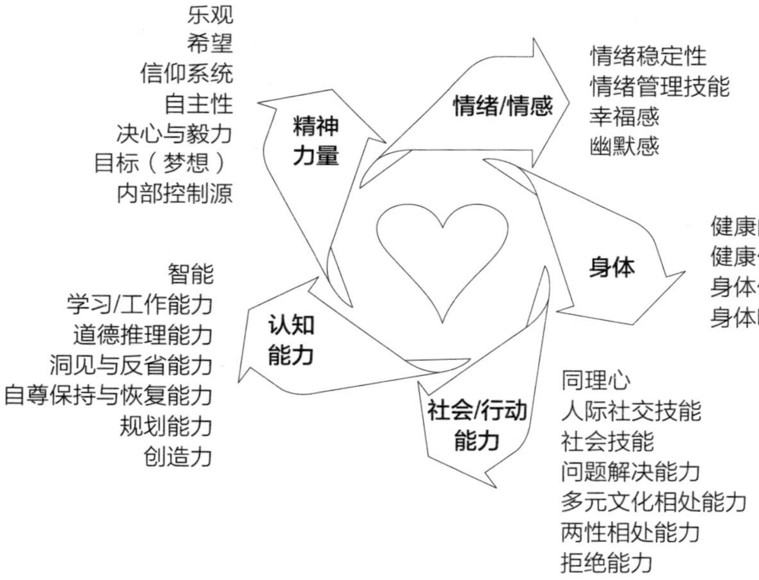

心理韧性的五大因子

十三、危机响应团队的日常管理

无论是组织内部的危机响应团队还是专业的危机管理与干预机构，

有三项工作是日常管理所必需的。

（1）明确责任与权利。包括向团队成员澄清团队所承担的监督与管理职责、明确团队领导者和危机工作者在工作中的责任和权利边界等。

（2）制定工作标准、流程与制度。包括不同危机情境下的工作专业标准与流程、工作量分配与质量控制、团队成员身心状态评估与督导制度等。

（3）提供专业资讯、专业工具与专业培训。包括新加入成员的专业与身心状态初评、入职培训（团队工作的意义与价值、工作必备专业技能、替代性创伤的相关知识、可使用的团队资源与工具等）、持续的专业培训与资讯更新等。

关于危机响应团队如何为危机工作者提供保护性和支持性的环境与措施，有一些研究和观点在实践中被认为是有效的。

（1）团队管理者积极地履行监督与管理的职责。

（2）明确的专业工作角色、身份与边界。

（3）尊重、包容的工作氛围。

（4）讨论工作的意义和价值。

（5）培养团队意识，设立共同的目标。

（6）同伴支持与监督，促进危机工作者之间关于工作影响的交流。

（7）主动承认工作中可能发生的替代性创伤，以及其他与工作相关的压力，为团队成员提供有关替代性创伤和压力预防的培训、促进健康计划，并提供相关资源。

（8）合理分配并监控危机工作的强度和工作量。

（9）提供持续的督导和同伴学习，以及定期的专业会议与评估，特别是对新加入的成员。

（10）鼓励个人策略，包括自我照顾、平衡工作和私人生活、灵性探寻、幽默和保持现实主义乐观主义的能力等。

管理者还需要知道对危机工作者的身心状态评估和监督不应与其绩效关联，否则会导致恐惧与担心，使危机工作者有可能不愿表现出与工作对象有关的负面情绪。

管理者应该关注和警惕：危机工作者对工作对象的行为与反应变化；工作对象的创伤经历对危机工作者的生活入侵；危机工作者的倦怠表现；不知所措的表现；回避与工作对象的关系，或者回避与团队成员关系的迹象；压力过大的表现；以及在自我保护上的无力或无效表现。

十四、危机工作结束后如何带领危机响应团队进行“结束仪式”

在每一次或每一阶段的危机工作结束后，特别是危机现场支持工作结束后，危机小组成员需要有一个正式的“结束仪式”，可以根据危机情境和小组本身的特点，使用小组会议、工作小结、复盘或团体督导等多种形式。一些研究者认为危机小组的团体督导由未参与危机工作的督导师来带领效果更好，但在危机现场支持的实践中，受到地域和时间的影响，由危机现场支持小组中的督导师或某个小组成员来带领的情况更为多见。

进行“结束仪式”的目的其实非常简单，就是为小组成员提供相互交流危机工作过程中的想法和感受的机会。带领者需要营造一个开放信任的氛围，小组成员在交流的过程中，彼此的观点和感受交融碰撞，获得意义感与价值感的启发，发现在危机应对中的力量。通过有仪式感的过程，我们也可以将前一阶段紧张的危机工作做一个结束或暂停，减少危机情境对正常生活或休息阶段的干扰。

普吉岛的危机现场支持工作在我们等候回国航班时才算告一段落，由于现实的原因，回到国内之后我们这个临时组成的工作团队就会各奔东西，我希望小组成员能有机会把一些感受留在普吉岛，把一些思考和意义带回正常的生活中去。于是，在普吉岛机场候机厅一处安静的角落，我们找来几张椅子和纸巾，围坐成一圈，开始了一场简单的“结束仪式”。下面我会以此为例，呈现带领者的引导过程。

❶ 介绍“结束仪式”的目的、流程与规则

“谢谢大家能给彼此一个机会，坐在一起完成一个结束/告别仪式。这些天我们经历了很多事情，这些事情在我们的人生中并不常遇到，或许在这个过程中会有一些什么触动我们，无论是清晰的还是模糊的想法和感受，我们都可以借这个机会做一个梳理和分享。每个人的观点或感悟都没有对错之分，当我们开始思考、整理和表达的时候，无论对自己还是对其他伙伴而言，这都将是一个有价值的过程。我会试着通过一些提问开启分享或讨论，我们都可以自由地表达，如果别人的分享对你有所触动，也请直接告诉他，如果这个过程中你有一些问题，也可以提出来请大家讨论。”

❷ 分享对事件的感受和想法

“有什么事情是让你印象深刻的？”“如果危机的发生是在向我们传递一个信息，那你接收到的信息是什么？”“如果我们可以把一些感受留在这里，你希望留下什么？”“我们将要回到平常的生活中，在回去之前你还有什么希望和大家讨论的？”

3 关注每个人在危机中的力量和优势

力量之手小活动：“虽然我们之前都不认识，但经过这一周多的并肩工作，对彼此都有了一些印象，我想请大家在纸上画一只手掌的形状，在掌心写下你的名字或代号……现在传给你左边的人……现在我们每个人手上都拿到了另一个人的‘手掌’，请你想想‘他’最优秀的地方，或者让你印象最深刻的特点，或者他在应对困难时最有力的能量是什么，请你写在他的‘手指’上……然后把‘手掌’往左传……重复之前的过程……最后，每个人的‘手掌’都回到了自己手中，请看看你有哪些优势被其他小组成员发现了？看到这些你有没有一些话想对他们说？”

4 结束与告别

“希望这些支持我们度过危机的优势和能量，在未来的生活里，支持我们走得更远……在结束之前，你想和伙伴们说些什么？……谢谢你们，也祝福你们。”

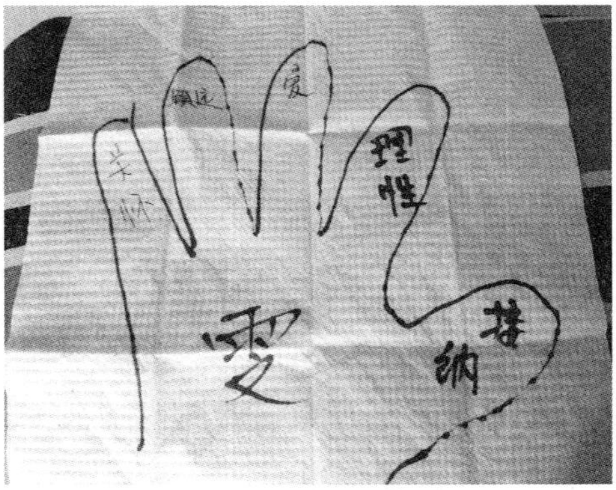

力量之手

十五、危机工作职业创伤/成长自我评估与评估工具

❶ 自我评估

每个进入危机团队的成员都应该完成必要的自我评估，并在持续的工作中定期进行自我评估。根据你的危机工作应激强度与频率来设定评估周期，最长不要超过6个月。对于“新手”来说，这样周期性的评估应该设定更短的间隔。评估是帮助我们进行自我觉察、监控和保持我们的健康状态的有效行动。从连续的评估中，我们能看到自己的变化，更清晰地了解危机工作是如何影响我们的，也能发现那些更有效的自我照顾措施。

在危机工作结束后，或者在持续进行的危机工作中，我会定期问自己几个问题，来了解危机工作对我的影响，我也会推荐其他危机工作者经常使用这个“危机工作者自我觉察问题清单”来保持对自己的觉察。当清单中的前6个问题中有任意一个回答“是”时，都意味着危机工作可能对我们产生了一些影响，这些影响和变化或许是暂时的，但我们需要注意这些影响，并尝试与人讨论或进行一些调整，一个月之后再进行自我评估，看状况是有所改善了还是变得更差了。如果清单的前6个问题中，有3个及以上回答“是”，或某个方面让你感觉特别困扰，你应该立即找到你信任的人、督导、危机团队管理者和专业医生来讨论你的情况。

危机工作者自我觉察问题清单▼

- 我的睡眠是否变差了？是吃得更多还是更少？对于那些高热量的垃圾食物我是否有更多的渴望？
- 我是否更多地让自己处于高风险的情境，或更多地进行高风险的

行为，如超速驾驶、危险的性行为、寻求刺激等？

- 我与周围人的关系是否变得更疏远，或者我减少了与人们的接触？
- 我表达自己想法和感受的频率或内容是否降低/减少了，如发朋友圈、更新微博、主动与人谈论自己？
- 我的情绪是否变得更为难以控制或更为淡漠？
- 我对生命、人性或世界的看法是否更消极，甚至绝望？
- 思考完以上问题之后，我是否发现一些积极的变化？
- 如果我需要有人与我讨论以上问题，我可以找谁？

危机团队或机构可以为成员建立个人评估档案，以此了解危机工作对团队成员的健康和工作状态有何影响，并能及时地调整组织支持策略，为每个团队成员安排适合的工作强度与节奏。需要强调的是，评估结果和档案不应该用于衡量团队成员的工作表现和绩效。

2 评估工具

（1）职业生活质量量表（Professional Quality of Life Scale，ProQOL）。

ProQOL是施塔姆（B. Hudnall Sramm）博士对同情心满足与疲乏量表（Compassion Satisfaction and Fatigue scal，CSF）的再修订版本，到2009年已经修订到第五版。无论在研究领域还是工作实践中，该量表都有着良好的口碑。在ProQOL网站上（https://proqol.org/Home_Page.php）可以免费下载最新版本的量表及其评分标准与结果解释。

ProQOL主要用于评估助人工作所带来的积极影响（同情满意度量表）与消极影响（即同情疲劳，由职业倦怠量表和继发性创伤应激量表组成），3个独立的子量表下各包含10个条目，该量表采用Likert 5点评分法，测试者根据自己过去30天的经历来进行选择，选择题项描述出现的频次（1=从来没有，2=很少，3=有时，4=经常，5=总是如此）。在同情满意度量表中，得分越高表示测试者对自己在工作中表现出来的助人能力和效果越满意，有25%的人得分高于57分，有25%的人得分低于43分。当测试者分数低于40分时，意味着测试者在助人工作上可能遇到了一些问题，或者他的满足感是来源于工作之外的其他地方。在职业倦怠量表中，得分越高意味着测试者越容易感到精疲力竭，有25%的人得分高于57分，有25%的人得分低于43分。继发性创伤应激量表是专门用于评估与受到创伤的人一起工作后，工作者所出现的创伤反应，有25%的人得分低于43分，有25%的人得分高于57分。如果测试者的得分高于57分，并不意味着其一定有问题，但提示其需要花一点时间来思考工作中有什么可能会让自己感到恐惧，或者是否有其他原因导致分数升高，也邀请测试者检视自己对工作与工作环境的感觉，主动与危机工作团队管理者、同事或督导来讨论。

在计分过程中需要注意：同情满意度量表和继发性创伤应激量表的10个条目均为从1到5的正向计分，职业倦怠量表中标星号的5个条目为从5到1的反向计分。条目得分累加之后得到的是原始分，需要转换成标准分后才能对应评估等级。

《危机管理专用量表及工具手册》中附ProQOL第5版中英文对照条目，英文内容获得施塔姆博士授权与确认，中文内容为笔者初译稿，未经施塔姆博士确认与授权，仅供读者学习交流参考。

（2）继发性创伤应激障碍量表（Secondary Traumatic Stress Scale，STSS）

STSS是布赖德（Bride）和鲁滨逊（Robinson）参考美国精神病学会

《精神疾病诊断与统计手册》（2000版）中的创伤后应激障碍的诊断标准，于2004年开发的一个筛查工具，主要用于评估那些在工作当中需要接触有心理创伤症状的当事人的临床工作者，因接触当事人的创伤信息而出现的混乱、退缩、警觉等创伤症状表现。该量表具有良好的信效度，共17个条目，分为3个维度："侵入"（题2、3、6、10、13）和"唤起"（题4、8、11、15、16）各包含5个条目，"回避"（题1、5、7、9、12、14、17）包含7个条目。量表采用Likert 5点评分法，测试者根据自己过去7天的经历来进行选择，选择题项描述出现的频次（1=从来没有，2=很少，3=有时，4=经常，5=总是如此）。1—5选项分别对应1—5分，将所有题目得分加总得到STSS总分。总分低于28分表示几乎没有症状；49分及以上表示存在非常明显的症状；38分为临界值，当测试者得分大于等于38分时，提示需要鉴别其继发性创伤应激障碍的可能。STSS与许多可用的PTSD测评工具的不同之处在于，它设计了针对特定应激源的条目（题2、3、6、10、12、13、14、17），从而确定了创伤应激是来源于与当事人的工作接触。与PTSD的DSM-IV标准一致，其他条目并非针对特定的应激源，但具有创伤性压力的负面影响（题1、4、5、7、8、9、11、15、16）。

需要注意的是，该量表得分仅作为参考，为医生或专业督导提供鉴别线索，并不能代表或代替诊断。

《危机管理专用量表及工具手册》中附STSS问卷，中文内容为笔者初译稿，未获得版权所有者确认与授权，仅供读者学习交流参考。

（3）创伤后成长量表（Posttraumatic Growth Inventory, PTGI）

PTGI是目前使用最为广泛的聚焦于创伤对人的积极影响的评估工具，用于评估人们承受了高压力或经历潜在创伤后的成长变化。由特德斯奇和卡尔霍恩等人在1996年基于对创伤后成长的相关研究，通过对丧偶者和有身体残障的成年人的访谈设计了该量表的原始条目。于2017年修订为PTGI-X。原版量表共有21个条目，包括5个维度：与他人的关系（Relating to Others）、新的可能性（New Possibilities）、个人力量（Personal Strength）、精神变化（Spiritual Change）和对生活的欣赏（Appreciation of Life）。采用Likert 6级评分法，从“危机后完全没有经历这种改变”（I did not experience this change as a result of my crisis）到“危机后这种改变非常多”（I experienced this change to a very great degree as a result of my crisis）依次计0—5分，总分0—105分，分值越高表示创伤后的成长越多。2017年修订的PTGI-X为25个条目，新增加的4个条目与原属于“精神变化”维度的两个条目组成新的“精神与生存变化”（Spiritual and Existential Change）维度。其他维度与计分方式不变，总分变为0—125分。

PTGI-X的5个维度包括：对生活的欣赏（条目1、2、13），个人力量（条目4、10、12、19），新的可能性（条目3、7、11、14、17），与他人的关系（条目6、8、9、15、16、20、21），精神与生存变化（条目5、18、22、23、24、25）。

《危机管理专用量表及工具手册》中附PTGI-X问卷，中文内容为笔者初译稿，未获得版权所有者确认与授权，仅供读者学习交流参考。

第六部分

危机沟通中的心理学

危机沟通（crisis communication）是指在危机的预备期、响应期和恢复期及时与特定对象或公众进行单向的信息传递和双向的信息交互的过程。其目标是降低危机的负面影响，减少损失。

在危机中，人会本能地呈现出防御状态，注意力变得狭隘，思维直觉化、极端化，敏感而警觉，更容易代入受害者角色。为了摆脱心理上的压力，人们需要快速得出结论，采取行动。因此，在危机沟通中，人们更倾向于对他人的动机进行主观臆断，而不是直接询问对方，或收集更多的信息再做出决策。

我们常常能够看到，危机处理者希望能够用事实、分析、逻辑等理性的思维方式去传递信息，他们认为自己已经做出了冷静并正确的判断，他们要求对方（包括公众、员工、受难者、家属、媒体等）也快速地回到理智的轨道上来，自作主张地告诉对方应该有什么情绪反应（例如，只是简单地告诉公众“不要担心”），应该做什么不应该做什么（例如，对媒体说“这不是你们应该报道的……”），希望对方按照自己的设想来行事，却忽略了人在危机中会更听从自己本能的反应和选择，这种过于理性和强硬的行事方式，可能已经使得危机处理者在心理上与对方形成了对立，或者引发“沟通中的危机”。

从心理视角看，危机沟通的本质并不是传递信息，而是建立关系。或者说，在危机中，人们通过传递信息的方式重构关系。这里的关系包括主体与主体的关系、主体与系统的关系、主体与危机事件的关系、主体与自己的关系。这里所指的信息也不是单纯的资讯，无论是“大道”发布的新闻报道还是“小道”流传的谣言消息，我们都能看到“资讯”中蕴含的情绪、态度、认知、需要（欲望与缺失），也可以说“资讯”正是被这些看不见的信息裹挟着、推动着在人群中流动的。本部分正是基于这样的理论逻辑，来探讨如何通过危机沟通帮助处于危机中的主体（个人和组织）重构关系。

一、心理工作者需要知道的危机沟通理论与研究

1 危机沟通的对象

危机沟通的对象包括：特定对象、外部公众和内部成员。

2 危机沟通的方式

危机沟通的方式包括：即时互动（面对面或通过远程通信工具的主体间直接即时的沟通方式）、延时互动（包含互动通道的信息发布方式）、单向传播（不包含直接互动通道的信息发布方式）。

3 危机沟通的目标

在不同的危机阶段，危机沟通的作用和目标也不一样，表6-1中列出了不同危机阶段危机沟通的典型情境、沟通的关键词，以及该阶段危机沟通的主要目标。

表6-1　危机三阶段沟通目标

危机阶段	典型危机沟通情境	沟通关键词	危机沟通目标
预备阶段	学校在发现学生有自杀的风险时，为了保护学生而与家长进行的沟通； 企业在进行变革前向员工释放的变革信号； 自然灾害发生前的预警信息	准确、可信	1. 提示风险、预警 2. 危机响应心理准备 3. 预期管理 4. 形成关系同盟
响应阶段	针对热点事件的公开发言； 组织成员死亡后向组织内部发布的讣告； 应急抢险任务出发前的动员会； 员工突发精神疾病时与家属的沟通	及时、真诚、主动、可靠	1. 避免次生危机 2. 减少损失 3. 共同协作应对危机 4. 保持连接

续表

危机阶段	典型危机沟通情境	沟通关键词	危机沟通目标
恢复阶段	裁员后与留下来的员工的沟通； 与灾难幸存者的沟通； 应急任务结束后给应急小组的心理辅导	反思、重构	1. 反思总结 2. 重构关系 3. 恢复平衡 4. 促进开放与接纳

从危机沟通的效果目标来看，有三个层面：（1）**满足认知性需求**，（2）**满足感受性需求**，（3）**促进问题解决**。针对不同对象在不同阶段的沟通，每个层面所需要满足的需求侧重也不同。

例如，有研究者在非典期间对公众在疫情不同阶段对信息的关注重点进行了调研，发现公众在早期的信息关注重点为“获取资讯”，而到了中期则更关注“整合认知”。

4 重复技巧

当危机沟通的目标和要传递的信息被确认后，需要做的就是确保沟通对象听到并正确地理解你的信息，从而实现沟通目标。传播学中把这种持续的过程称为“保持信息”，这在本质上是一种信息的“重复技巧”。

例如，在公共卫生事件中，如果向公众沟通的目标是“缓解担忧”，将要向公众传递的信息是“公众感染的风险很低”，那么这类信息应该在沟通的一开始就清晰地说明，并通过不同的方式、渠道向公众传递，即使在单次沟通中，也可以多次重复和解释。“重要的事情说三遍”确实可以起到保持信息的效果。比如，开场时可以说：“下面我来解释一下为什么说公众感染的风险很低……”解释完之后总结：“正如刚才说到的那样，公众感染的风险很低。”谈到相关引证时，可以说：“这也证明了，公众感染风险确实很低。”在发言结束时再次表明：“我最后再强调一下，公众感染的风险很低”。

一些重复的小技巧：

- 从不同的角度呈现你的观点，让沟通对象清楚地理解你希望他们听到的信息。
- 在发言的开头和结尾重复陈述你的信息，并找到恰当的机会将信息穿插在谈话中。
- 如果是在对话中，可以通过认可对方的话来达到重复的效果，例如：“我同意你的观点，当我们做好防护时，感染风险是很低的。”
- 当数据变化时需要更新你的信息，如果沟通目标不变，在更新信息后应继续重复和强化之前的信息。例如：“确诊人数的增加是因为检测的人数在增加，确诊率实际上并没有上升……基于这些原因，可以说公众感染的风险仍然是很低的。”
- 不要对相同的信息重复过多，呈现过于强烈的说服企图会让人怀疑信息的真实性。
- 不要在回答每个问题时都一字一句地重复你的信息。
- 不要为了重复而重复，或只是重复“字面的意思”。

5 形象修复理论与情景危机传播模型

在危机沟通研究的早期阶段，研究者更多地聚焦在组织机构如何根据不同危机类型选择不同的应对方式，以最大限度地挽回组织声誉，其中以形象修复理论（Image Repair Theory，IRT）和情景危机传播模型（Situational Crisis Communication Theory，SCCT）最为著名。

IRT将危机反应策略分为五大类：否认、推诿、降低冲击、修正行动、后悔道歉。

SCCT则认为危机有受害型、事故型和错误型三类，危机沟通策略可以分为否认型、淡化型、重塑型和支持型。“受害型”危机对应淡化型和否认型策略；“事故型”危机对应重塑型和淡化型策略；而处理“错误型”危机，则应该采用重塑型策略。

6 劝服

危机沟通按其效果可以分为两类：一般性传播与劝服性传播。

危机沟通中的劝服是指在非强迫的情况下，一方经由信息传递（传播）影响另一方的态度或行为的过程。

信源的可信性效果是指人们总是首先根据劝服者的可信性对信息的真伪和价值做出判断。劝服者的可信性包含信誉（劝服者本身的品格形象，是否诚实、客观、公正等）和专业权威性（劝服者在特定领域是否具有话语权和评述资格）两个方面的内容。可信度越高，劝服效果越好。但高信度信源的劝服效果会随着时间的推移出现衰退。

当劝服者同时向劝服对象呈现自己的观点及相反的观点时，被称为“两面提示”，相比只呈现己方立场和观点的“单面提示”的劝服者，人们更信任能够呈现“两面提示”的劝服者。

警钟效应是指劝服者通过假定一种因为不作为而产生恶劣后果的情境来唤起劝服对象的危机意识和恐惧心理。这种劝服方式被广泛运用于危机的各个阶段：在危机预警阶段，用于引起利益相关者的重视和防范；在危机响应阶段，用于激发利益相关方的大局意识和协同意识；在危机恢复阶段，用来总结经验教训，避免重蹈覆辙。常见句式是：“如果不……结果就会……”需要注意的是，对同一群体过于频繁地使用这种劝服方式可能引发恐慌或过载免疫。

7 热点事件中的情绪

在网络时代，危机事件本身以及组织危机沟通过程中产生的刺激性信息（如关联事件被曝光、领袖人物意见、响应措施等），都会激发公众对危机信息的情绪、态度和意见的改变。而真正推动一个事件成为“热点事件”的并不是事件本身，而是事件引爆的受众情绪。事件只是一个导火索，那些被引爆的情绪是在之前就存在于群体当中的，也可以说，热点事件是群体情绪的一个宣泄出口。群体情绪被事件唤起后，受到群体“极化效应”和“从众效应”的影响，引发情绪共振，最终爆发。热点事件的主体在整个过程中实际上是“被迁怒者”的角色，他们除了需要承担事件处理的责任，还需要承担额外的群体情绪能量爆炸的后果。

情绪的特点及强度会对舆论的形成产生重要的影响。有研究者发现：“负面情绪较高的事件常常热度也较高，在一个事件中，情绪强度的波动与事件热度的变化趋势是相关的。”“微博负面情绪影响被评论转发的数量，但微博正面情绪的强烈程度与被转发、评论的数量没有相关性。”曾凡斌认为，在社会转型的背景下，网民普遍存在的结构性情感有以下几种：追求公平正义；同情弱势群体；质疑政府公权力；担忧衣食住行方面的民生安全问题；对环境恶化、自然灾害、恶性侵害、恐怖主义蔓延的悲愤情绪；不同阶层的仇视或抵触情绪。

从心理创伤的角度看，热点事件之所以能够唤起群体的情绪，是因为被引爆群体对热点事件的情境感知，与其曾经的创伤体验/感受是类似的，这些创伤体验或感受可能在过去或现实中并未得到妥善的处理，当热点事件发生时，这些之前被搁置或压抑的感受被激活，在热点事件传播过程中获得群体共鸣，达成一定的宣泄效果。这或许能够缓解部分心理压力，但在情绪被突然引爆后，在网络环境的渲染、重复、过度唤起下，更有可能强化创伤体验，造成更严重的心理创伤。因此，危机沟通的目标之一，就是要影响人们对危机事件及危机处理过程的感知。

二、影响风险认知的因素

帮助人们“正确或有效”地感知危机事件或风险，是危机沟通重要的目标之一，但就像很多专业人士会把风险“去人性化”一样，人们常常会把风险“个人化”。这与处于危机中的个体/群体的思维特点有关，个体在应激状态下会启动与日常状态不一样的“应激认知系统”，会有如下特点：（1）以偏概全；（2）主观臆断；（3）简化信息处理过程；（4）感性多于理性；（5）极化思维；（6）个体与群体相互影响；（7）情感趋同性。

另外，当风险本身具备某些特征时，可能会夸大或弱化人们对风险的感知，从而提高或者降低人们对风险的接受度，表6–2列出了一些特征对人们风险感知的影响。例如，买股票时都会提示“股市有风险，入市需谨慎”，对于这种“自愿”“有明显益处”“在自己控制下”的股市风险，正常情况下即使最后亏了钱，大部分人也是能够相对容易地接受的。但如果是因为股市中某些机构的违规行为甚至犯罪行为导致买股票的人亏了钱，那这时的股市风险就会被认为是“被强加”“不公平”“人为的”“由他人控制的”，如果亏损对当事人来说有无法计算的灾难性的感受，那就更有可能引发个人的心理危机，甚至导致当事人做出极端的行为。

表6-2 风险特征对人们风险感知的影响

当风险被认为具备以下特征时	
更容易接受	**更难以接受**
自愿的	被他人强加的
在自己控制下的	由他人控制的
具有明显的益处	很少或根本没有益处
分配公平	不公平的
自然的	人为的
后果是可以计算的	后果是灾难性的
有可信的来源	有不可信的来源
熟悉的	陌生的
影响成年人	影响孩子

当然，知道风险特征对风险认知的影响，并不表示危机管理者要一味地降低人们对风险的感知，而是要根据实际情况进行研判，在危机沟通时，对可能影响人们风险感知的特征进行强化或处理，帮助人们做出“恰当”的风险评估和行动。

例如，在新型冠状病毒肺炎疫情的初期，有些人对疫情不当回事，不遵守防疫措施。那么，在危机沟通中，更多地呈现人类对于这种新型病毒危险的未知（陌生的）及危重患者较高的死亡率（灾难性的），就更能唤起人们的危机意识，增加主动防疫行动的可能性。

又如，随着疫情的发展，当一些群体出现了过于悲观和恐慌的情绪，甚至有可能引发次生危机时，沟通目标则是要减轻群体的恐慌，那么在危机沟通传递的信息中，更多地呈现群体或个体自身能够做到的防疫措施（如戴口罩、勤洗手等），就会让人感觉到自己在事件中是有一些事情可以做的，自己对一些事情是可以控制的。当个体能够恢复一定的自我控制感时，恐慌感就会减轻。

要注意的是，危机沟通中可以侧重于呈现风险的某些特征，但必须是基于事实的特征，绝不能是虚构的。如果为了达到沟通目标而虚构信息，一旦被识破，就会对信任关系造成不可挽回的破坏。并且，在网络信息时代，“识破谎言”所带来的情绪流量会驱使每一个媒体都成为火眼金睛的侦探。如果说出真相是组织唯一的选择，那么如何有策略地说出真相是值得思考的。

三、什么是危机沟通的3T模式

英国危机公关专家罗杰斯特提出危机沟通的简明3T模式：

- 主动沟通（Tell You, Own Tale）。
- 充分沟通（Tell All）。
- 尽快沟通（Tell it Fast）。

除了在危机沟通中要主动及时，危机沟通的内容也很重要。概括来说，危机沟通信息主要包括三个方面：

- 有关危机主体对待危机的态度的信息。
- 有关危机主体处理危机的手段或措施的信息。
- 有关危机主体处理危机所获得的效果的信息。

近年来，我国对政府在危机沟通的要求上也提出了与3T模式类似的规范。2016年11月，国务院办公厅发布《〈关于全面推进政务公开工作的意见〉实施细则》，其中明确要求：“对涉及特别重大、重大突发事件的政务舆情，要快速反应，最迟在5小时内发布权威信息。”人民网舆情监测室也基于当下媒体环境提出“黄金4小时”原则，强调政府回应的及时性。

另外，基于信息回应全面性的要求，有专家提出了“4确认5发布”

的做法。即需要确认公共危机事件的存在性、真实性，以及公共危机事件是怎样发生、进展和处置的；最后还要确认与公共危机事件关联的衍生信息。分阶段、分重点地发布信息，积极与公众进行沟通。

在组织中普遍存在危机沟通的“基层短板”。大型企业都会设立专门负责向外危机沟通的“公共关系”部门，但当危机大到需要“公共关系”部门负责解决时，往往已经造成了广泛的影响，错过了最佳的处理时机。因此，不只是政府机构，对于企业、学校、医院及其他组织来说，除了制定相应的危机管理流程和预案，还需要对基层管理者和有关危机管理职能的岗位人员进行危机沟通培训，避免在危机沟通中再次引发危机。

四、什么是重大事件压力管理简介会

在向组织成员进行内部的危机沟通时，可使用的具体方式很多，既包括内网、海报、邮件、信息通报、会议、培训、关键谈话及其他危机干预措施等即时可见的方式，也包括隐性的危机沟通方式，即在危机响应决策与措施，相关制度、流程、规则中也渗透着组织对于危机的态度与价值观。

另外，还有一种比较正式并有效的危机沟通方式——重大事件压力管理简介会（Crisis Management Briefing, CMB）。

1 CMB的方式、时间、目标

危机信息的官方/正式传递渠道。

由组织/部门主动召开，可邀请心理专业人士分享相关内容。

可以是通过现场的方式，也可以通过远程方式发布。

通常持续时间不超过30分钟（20—45分钟）。

达成如下目标：提供资讯，如事件目前的基本情况；控制流言；减少混乱；分享有效的应对压力的方法；为持续的跟进服务或者转介提供指引；增加大家的士气；使大家能够尽快恢复正常应对机制和回到工作生活的正常轨道中。

❷ CMB的步骤/过程

（1）介绍：会议内容安排、时间等。

（2）提供关于当前危机情况的真实消息。

（3）正常化面对在危机情境下可能出现的行为或心理反应。

（4）提出压力管理建议、团体互助建议，提供支持资源。

（5）问答/结束。

五、如何在危机沟通中建立信任

我们需要知道，危机沟通是在一个“不稳定的信息环境”下进行的，对于什么是“不稳定的信息环境”，传播学研究者曾给出过一个贴切的公式：危机+高涨的公众情绪+对事实的有限接触+谣言、闲言碎语、推测、假设和推断=不稳定的信息环境。在这样的前提下建立信任不是一件容易的事，下面是基于实践中的经验教训和相关研究结论总结出的几个在危机沟通中建立信任的关键步骤：第一步，在危机沟通前，做好心理准备，明确沟通对象对你的期待，承认自己的责任；第二步，在危机沟通中要先表达同理心、态度与立场，让对方感受到被理解和关怀，是与对方建立信任的基础；第三步，在传递资讯、给出建议时，要用对方能够听得懂的方式来表达，善用类比来解释专业的数据和概念。下面我们分别举一些例子。

❶ 承认自己的责任，明确沟通对象对你的期待

我们在实践中发现，如果沟通者从内心里不认为自己有危机沟通的责任，或者不清楚自己及沟通对象对沟通过程的期待，即使沟通者掌握很多的技巧和话术，也很难获得好的沟通效果。

一家公司的员工小丽在工作时突然出现异常的言行举动，管理者联系了小丽的家人并协助将小丽送医，诊断结果显示小丽患了精神分裂症，需住院治疗。小丽的家人从外地过来办理小丽的入院事宜，并提出希望与小丽的主管谈一谈。主管第一次遇到这样的事情，不知道要怎么和家属沟通，所以预约了危机顾问做沟通前的准备。顾问让主管模拟演练与家属对话的过程，从介绍自己的开场白开始。

主管表达流畅，条理清晰，开场白结束时说："我们来看看问题怎么解决……"

危机顾问马上问他："你们去和家属见面是要解决什么问题吗？"

主管下意识地回答说："是啊。"说完立即觉得不太对，想了想又说："不是，这次去就是代表公司慰问家属的，看看公司能帮忙做点什么，但说实话也有些担心……之前听说过很多家属借由这样的事情追究公司责任，要求公司赔偿之类的，总之大家都说这是个麻烦事儿……"

危机顾问："小丽家人提出了什么要求吗？"

主管说："那倒没有，这次和我谈话应该也是想了解一下小丽在公司发病的一些情况，其实小丽的父母都是很和善的人，这次出事他们也很焦虑，看得出来他们对小丽很关心，我也想帮上忙……"

主管沉默了一会儿又说："可能我自己心里也觉得这次和家属的沟通就是要解决这些麻烦的问题。"

危机顾问回应："所以你刚才会说'我们来看看问题怎么解决'。你试着想想小丽的家人听到这个问题的感觉会是怎样的？"

主管有点尴尬地笑了笑说："我懂了，这一句话就把我和家属带入了对立的角色里了，家属本来没有这样的想法，结果因为我'期待麻烦问题快点解决'，可能家属就会配合我'提出问题'了。"

危机顾问："那你觉得怎么说能更准确地表达你们的想法和目标？"

主管："我想看看能给你们提供些什么信息，或者能和你们一起做点什么，对稳定小丽的病情更有帮助。"

在危机沟通中，不仅个体需要进行沟通前的心理准备，作为危机主体的组织，在进行危机沟通时也要满足公众的期待，争取其积极的认知和信任，运用恰当的象征性符号对外沟通回应。

政府官员和企业领导者必须明确：在发生危机事件时与公众、媒体、组织内部成员、必要的特定对象进行有效沟通是自己的职责，必须为此做好准备，在不增加恐慌的前提下，传递信息、提供资讯、进行教育、给出建议，建立信任同盟关系。

2 同理心

心理学家伦德格伦和麦克马金在2018年提出评估信任和可信度的关键因素包括：同理心和关怀，能力和专业知识，诚实和开放，奉献和承诺。其中，同理心被排在第一位。即使在日常的生活中，人们也更愿意与他们认为能够理解自己的人相处和建立信任关系。在危机中，人们通常会觉得自己在危机情境下产生的情绪和想法是特殊的和难以理解的，也会有更强烈的孤独感，当发现别人能够看到自己的感受并表示关切时就会快速地对对方产生认同感和信任感。而当人们发现自己的感受被忽略或否认时，也会快速地与对方形成对立关系，即使对方的观点和建议再怎么“正确”也不太可能采纳。

同理心并不是简单地说“我理解你的感受”，这句话在很多危机场景下反而会激起听者的抵触，他会觉得：“你又不是我，你怎么可能理解我的感受？”真正的同理心，不仅仅是你站在了对方的位置上说出他的感受，还要对他的感受表达你的关切。

在抗击新冠肺炎疫情期间成了国民“网红”专家的复旦大学附属华山医院感染科张文宏主任，不仅是医学方面的专家，也是危机沟通和危机传播的专家。他之所以能用恰当的、听得懂的方式向不同的对象科普专业知识，就是因为他能够同理沟通对象在当时情境下的感受。曾有网友收集了张文宏向不同对象科普防疫措施的语录，提炼如下。

科学的说法是，我们要保持彻底的社交距离，长达两个星期以上，我们就可以有效地阻断传染病的传播。——这样的说法在与专业人士交流和给政府建议时都是可以的，但如果对所有人都这样说，就缺少了同理心，不容易获得对方的认同感，没有认同感的建议被执行的可能性也就大大降低了。

对公众说的是，你在家里不是在隔离，你是在战斗啊。你觉得很闷，病毒都被你闷死了。——“闷”这种感受隔离在家的人都会有，这段话不仅把这种感受说出来，还帮助公众把这种感受进行了转化，“闷”=战斗（“闷”死病毒），既然是战斗，那这种“闷”的感觉也就变得可以忍受了。

对老板说的是，你不用给我们捐东西，让员工在家里办公，隔离观察，还给人家发工资，这就是对国家做贡献了。——面对那些有一定能力的人，想要为抗疫出力、做一些事情是他们的真实感受之一，这里把这种感受很精准地提炼了出来，同时把这种意愿和“给隔离的员工发工资”这样有益的现实行为关联起来。

对大学生说的是，大家只要闷两个星期，少说话，语言少了，思想就出来了。——同样是“闷”，闷出“思想”应该是大学生们都希望获得的副产品了。

对小学生说的是，新冠病毒就像“魔鬼”，同学们在家闷两周，等医生把所有放出来的“魔鬼”都抓回去了，才能出来。——对于小朋友们来说，不仅要说出他们的害怕，也要让他们知道有人能保护他们，让他们安心。

3 表明态度与立场

研究者发现，公众在突发的危机中认为风险沟通的信任顺序首先是可信赖的朋友和亲人，其次才是科学家和政府。[①]主要的原因之一，就是人们认为自己对于那些可信赖的朋友和亲人在危机中的“态度和立场”是非常清楚的，相信他们“站在我这边”，认为他们给出的建议即使和我的想法不太一致，但也“都是为我好”。因此，在危机沟通中，明确地表达主体的态度和立场是非常重要的。要注意的是，主体所表达的态度和立场前后要一致，言语上的立场与后续给出的建议和措施所隐含的立场

---

① Katharine Haynes, Jenni Barclay, Nick Pidgeon, “The Issue of Trust and its Influence on Risk Communication during a Volcanic Crisis” , *Bull Volcanol*, pp.605–621, 2008, 70.

也要一致。

例如，有家企业发生了生产安全危机事件，事件刚发生时企业为了安抚员工表示："保护员工的生命健康是第一位的！"但在抢险救援过程中，企业为了保护设备安全，减少损失，在动员会议上又说："要不惜一切代价保住×××核心设备的安全！"领导话音刚落，下面就有员工议论："昨天还说生命第一，今天就要不惜一切代价去保设备，这人命还是没有设备金贵……"

4 用对方听得懂的方式提供资讯与素材

专业名词和数据要用公众听得懂的方式来表达。运用人们对熟悉事物的认知迁移来进行类比或比喻是非常有效的方式。

例如，在进行洪水灾情通报时总会说到降水量，常规的新闻稿会这样写："我市及周边县市普降特大暴雨，8月10日9时至11日22时，我市平均降雨287.4毫米，折合降水量6.32亿立方……"但绝大部分普通人对287.4毫米和6.32亿立方是多少并没有概念，因此就不能正确感知到这个城市防汛抗洪所面临的压力和紧迫感。同样的数据换一种表述时效果就不一样了："8月10日到11日，我市平均降雨287.4毫米，而我市去年一年的降雨也不过300多毫米，相当于这两天时间几乎把去年一年的雨都下了……"这样一类比在感受上就非常直观，几乎所有人都能够理解"两天下了一年的雨"是非常罕见的情况，公众也能真实地理解目前的情况对一个城市的防汛工作来说是非常严峻的考验，那么也就会更愿意配合政府进行防汛工作。

张文宏进行危机沟通时，对于比喻的运用也让公众印象深刻，比如他在解释流感与感冒的区别时所做的比喻："流感不是感冒！就像老虎从来不是猫！”在说明要判断一个药物是不是治疗新冠肺炎的特效药不能根据初步数据，要看最终的临床结果时，他打的比方是：“结果出来前，女朋友一直都是你女朋友，结果出来后，才是你老婆。”这些比喻都是把人们对熟悉的事物的认知迁移到了陌生的专业知识上，也就真正做到了“接地气”。

六、在向媒体与公众发布信息前的心理准备清单

组织领导者在向媒体和公众发面信息前，可以通过下面的清单（见表6-3），来理清思路，检查发言前的准备是否充分，确认自己在心理上已经准备好面对信息发布过程中可能会遇到的困境。

表6-3　公开发言前的心理准备清单

准备条目	完成情况
我知道自己在危机沟通中的职责。	□
我知道此次危机沟通的目标。	□
公众对我和我所在的组织的心理期待是什么？如何满足他们的期待？	□
在这次的危机沟通中传递哪些信息能够帮助公众做出适当的反应？	□
目前的状况下，公众会有什么感受和反应，更关心哪些问题？	□
有效沟通的机会有哪些？如何将其最大化？	□
有效沟通的障碍是什么？如何将其最小化？	□
我知道媒体的职责是什么，我知道如何帮助媒体工作者达成他们的目标。	□
对于我不知道答案的问题，我知道如何回答是妥当的。	□
哪些问题会让我“反应过度”？为什么？怎么办？	□
如果我无法代表组织行使危机沟通的职责，那么谁可以？	□
对于以上问题会有专业的人协助我进行准备。	□
我进行过演练。	□

七、危机沟通中最容易引起信任危机的十句话

在危机处理和危机沟通中，大部分组织和危机处理者都能够很好地

解决技术和法律问题，“感受”的问题却不被重视，或被当成技术/法律问题来处理，而结果常常是因为“感受”不好而激化了矛盾，引发新的危机。

下面列举了在危机沟通中最容易引起信任危机的十句话，它们的共同之处在于，它们在表面上看起来都显得过于机械和直接，似乎是沟通技巧上的问题，但实际上，是沟通主体忽略了沟通对象的感受，也是沟通主体忽略自身感受，没有对自己在危机中的感受进行觉察和处理的结果。

- “无可奉告。”
- “我不知道/不清楚。”（简单地回答不知道通常会被理解为拒绝和回避，可行的做法是在说不知道之后立即用陈述句进行解释，并给出澄清问题的后续计划）
- “××和我没关系。”
- “这不是我的错（责任、原因）。”
- “我们不会道歉。”
- “这不重要。”
- “这个问题我刚才不是说过了吗？”
- “你想清楚了再说（问）。”
- “不管你……，反正我……”
- “我这是在帮你解决问题。”

八、谣言产生的条件与心理基础是什么

奥尔波特认为，谣言产生要有两个基本条件：第一，谣言的主题必须对传谣者和听谣者有某种重要性；第二，事实必须被某种模糊性掩盖起来。

据此，谣言传播的广度和强度可以用公式R=i×a来表示。其中，R是谣言传播的广度和强度，i是谣言对传播者的重要性，a是事实的模糊性，重要性与模糊性之间的关系不是加法而是乘法。因此，如果两者中有一个为0，就没有谣言了。

重要性和模糊性在本质上都是人们对客观事件的主观心理感知，但是在危机情境下，人们的心理感知往往是非常主观和武断的，极易受到个体本身情绪底色的影响和群体情绪氛围的暗示。奥尔波特提出可以把谣言简单地概括为一种完全的主观情感状态的投射。个体和群体的主观情感状态会影响传播者对“重要性”的判断，还可能使传播者选择性地保持事件的“模糊性”。例如，有些人在媒体在事件真实信息已经公布时，仍然拒绝接受或否认事件的真相，只抓住公开信息中的矛盾进行攻击而忽略信息真实的部分。

当个体或群体的主观情感处于慢性压力或严重应激状态，又无法化解时，会与因为压抑而产生的攻击性冲动共同构成谣言传播的心理基础。

谣言能提供一种紧张情绪和压力的简单发泄途径，特别是那些我们不愿面对和无法承担的情绪；能为周围环境中令人费解的现象提供更广泛的解释，减少未知的焦虑和恐惧。谣言像是一种药，这种药能暂时缓解人的焦虑和压力，但这药有强烈的副作用——在传播情绪的同时传播大量的虚假信息和攻击性（戾气），而当群体中的戾气浓度更高时，也为谣言的传播提供了适宜的环境和土壤。

九、如何进行谣言评估

谣言并不总是带着恶意的，通过观察评估谣言的传播方式和内容，我们更能够获得一个理解谣言传播群体的窗口，看到谣言传播群体的主观情感状态，甚至是他们自己都没有意识到的或不被承认的情绪感受，然后可以有针对性地进行危机沟通，做出恰当的危机管理决策。

下面我们通过一个案例看看企业是如何进行谣言评估的。

案例▼

“听说他有艾滋病”：谣言评估的5个问题

A公司是一家年轻的创业型公司，员工的平均年龄还不到26岁，在与他们的接触中，我总能感觉到他们的活力、创造力和个性。有一天，A公司的HR找到我们，说最近公司里有一些谣言让他们感到不安，谣言内容是关于一个名叫小C的新晋主管可能患有艾滋病的。虽然艾滋病的传播途径只有性接触传播、血液传播和母婴传播三种，在日常的工作生活中接触感染的概率非常低，但说到艾滋病还是很容易让人们联想到“危险”“不道德”“不治之症”。因此，HR担心这样的谣言在员工中流传会引起恐慌，并且HR不知道小C是不是真的患病了，也担心真的会有传染的风险。于是就想找个人与小C谈谈，确认一下小C是不是真的生病了，如果是真的生病了，有没有在治疗，需不需要支持，同时也想提醒一下小C要注意安全防范，避免在公司将疾病传染给别人。但是对于应该由谁去和小C谈，怎么谈，他们想请顾问给点可行性的建议。

如果我们把接到组织的危机支持需求比喻成学生在考试，那么面对考题，要做的第一件事，不是快速作答，而是认真审题。从表面上看，HR问的是谁去和小C谈话更合适，并且希望顾问给去谈话的人做一个危机沟通的指导。那么，由顾问帮助公司来确定“合适”的人选，然后再帮助谈话者做一些谈话心理准备，貌似就可以专业、完美地交差了。但该公司的需求真的就只是表面的这个问题吗？在回答“谁去谈”和“怎么谈”的问题之前，还有一个重要的问题没有解答，那就是“要不要谈”，正如我们前面提到的那样，“没有经过评估的干预行动本身就是风险”。

而“要不要谈”的问题本质就是公司需要在采取干预行动之前先进行风险评估。那么，危机顾问需要和企业一起来回答几个问题：

（1）目前发现的风险是什么？（事件描述）

（2）可能引发怎样的危机？（风险评估）

（3）在什么条件下风险会发展成危机？（风险评估/策略评估）

（4）在什么条件下风险可能消除？（风险评估/策略评估）

（5）现在最需要做的是什么？（干预策略评估）

如何进行风险评估在前文已经有描述，在这个案例中就不再详细叙述了，留给读者作为练习案例。请你思考，基于现有的信息你会如何回答上面的问题，或者要回答这些问题你还需要收集哪些资料？

A公司的HR和危机顾问对相关信息进行梳理之后发现，当下最需要做的事情并不是与小C谈话，甚至小C到底是不是真的有艾滋病也不是重要的或关键的风险点，目前最紧要的，是要先对公司内谣言传播的现状进行理性的评估，然后再根据评估的结果制定干预策略。

至于当事人小C，他并不是一个“问题员工”，而是一个“遇到问题的员工”，他将要或正在经历对他来说有点困难或特殊的人生阶段。对于那些“遇到问题的员工”，是要支持他还是防范他、保护他还是监控他、包容他还是剥离他，每个企业都可以有很多选择，也有做选择的自由，并且这些选择从企业的视角来看都是合理的。但在做出选择之前，企业需要知道在这样“众所周知”的事件中，企业的选择和态度将传递出企业真正的价值观和文化。以这样的方式传递出来的价值观和企业文化远比挂在墙上、印在员工手册上的文字要鲜活得多，对身处其中的员工具有极其强大的印刻能力。在这个案例中，A公司做出支持和保护小C的选择，这与他们公司的文化是一致的。

下面我们会重点来说一说，在这个案例中是如何进行谣言评估的。

想要客观地评估谣言传播的现状需要了解如下五个方面的内容。

（1）当下谣言的传播范围（例如，团队内传播、公司内传播、公众传播、媒体传播等）。

（2）谣言传播途径与方式（例如，茶余饭后的聊天、BBS、内网、聊天群、向上级投诉、公开媒体等）。

（3）传播的内容与情绪（例如，传播者在讨论这个事件时是在关心小C还是担心自己？事件引发了传播者的什么情绪？他们讨论的时候是猎奇、兴奋、担忧，还是恐惧？）。

（4）谣言传播的发展趋势（知晓的人越来越多？事件描述越来越离奇？传播者情绪上是如何波动变化的？或者大家已经渐渐转移了注意力，对这个事件慢慢失去了兴趣？）。

这里补充两个知识点：

第一，谣言传播的正常趋势是变短、变简洁，越来越容易被理解与讲述。

第二，谣言传播受“热点事件”热度的影响，在没有新素材的情况下，半数的谣言会在两周内随事件热度的降低而消散。

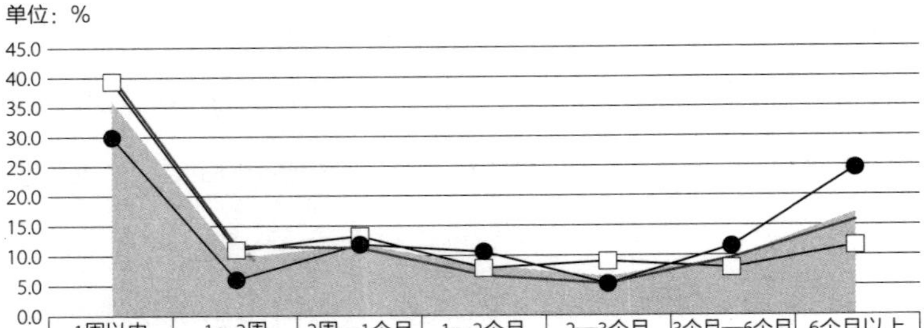

	1周以内	1—2周	2周—1个月	1—2个月	2—3个月	3个月—6个月	6个月以上
正面舆论	29.8	6.1	12.3	10.5	5.3	11.4	24.6
中性舆论	40.0	11.7	11.0	6.2	5.5	9.7	15.9
负面舆论	39.4	11.0	13.1	8.1	8.9	8.1	11.4
舆论综合指数	36.4	9.6	12.1	8.3	6.6	9.7	17.3

2016年不同倾向舆情持续时间[①]

（5）谣言传播的现实影响（谣言对于传播群体的态度或行为是否产生了明确的影响？传播群体通过谣言表达了怎样的诉求？现实诉求背后的心理需要是什么？）

在回答了这些问题之后，我们或许就会发现，有些谣言是可以不攻自破的，而有些谣言是需要我们主动出击的。谣言并不可怕，盲目地辟谣或简单地“解决传谣者”是有风险的，只想着消灭谣言而忽视传播谣言群体的心理需求才是真正的隐患。

十、如何辟谣

之前我们已经提到，谣言是公众缓解压力的一种安慰剂。危机发生时，人们急需通过获取信息、了解真相来增加控制感，缓解失控、混乱、未知带来的压力。如果危机主体隐瞒信息、发布信息滞后或沟通不畅，

① 谢耘耕主编：《中国社会舆情与危机管理报告（2017）》，社会科学文献出版社2017年版，第53—54页。

会导致巨大的信息空洞，人们会快速地把猜测、推理、想象、幻想、欲望、情绪填充到这个空洞里，这时谣言就产生了。辟谣实际上就是向人们提供新的素材以替代空洞中的虚假信息。

如何辟谣：

提供能被理解的真相。

持续性告知。

可视化行动和结果。

展示问题被解决的标志。

反思与补足。

需要注意的事：

- 辟谣之前先进行谣言评估。
- 辟谣的目标不是清除所有谣言——事实上那是不可能的，而是优先回应那些正在和将要产生破坏性的谣言。
- 如果具有破坏性的谣言仅在一个小群体内传播，那么就在这个群体中纠正它，不要让你的辟谣行动将它扩大。
- 当破坏性的谣言正在或预期将被广泛传播时，就应该积极地、非常公开地纠正它。
- 当你采取辟谣行动时，尽可能地预测谣言在你行动之后会如何演变，提前采取行动堵住未来可能出现的类似谣言的传播通道。
- 如果人们对你提供的信息提出“绝对化”的要求（例如，要求绝对可靠、绝对真实、绝对正确），他们更有可能是在质疑潜在的价值观和流程，而不是科学性。这时需要找到“绝对化”要求背后的真正心理需要，并加以解决。

如何在危机沟通中尽可能地减少谣言产生：

- 第一时间提供必要的信息与素材。
- 始终了解你发布的信息是如何收集的、结论是如何得出的。
- 以书面形式向媒体提供统计数据和关键信息。
- 保持你回答的水平与问题的水平相适应。
- 如果你不知道问题的答案，或暂时无法发布必要的信息，最好的办法就是诚实地承认，并给出后续如何获得信息的具体计划。
- 如果媒体或他人在转述你的信息时，出现某个单独的非关键性错误，不要对此反应过度，过度的纠正只会将注意力引向不重要的问题。可行的做法是私下联系媒体或错误信息的发布者，告诉他们正确的内容，请他们协助修订。
- 对于近期需要发布的信息和需要回应的谣言，在考虑及时性的基础上，尽可能地利用正式和公开的场合（如新闻发布会）一次性地完成，而不要零零散散地回应和发布。
- 需要向沟通对象提供充分的信息，以帮助他们理解不确定性是过程的一部分，现在可用的答案可能不是最终的答案，问题的角度也是多元的，增加他们面对现实的灵活性和开放性。
- 如果你怀疑下一次的信息更新会彻底改变之前的信息，那就要给对方一种感觉：事情可能将要这样发生。

十一、如何报道心理危机事件

与心理危机相关的事件近年来越来越频繁地通过媒体进入公众的视

野，其中关于“自杀”及“精神疾病”的报道最为常见。

自杀是一个公共卫生问题，对于媒体来说，自杀事件具有一定的新闻价值，但有超过50项研究发现，某些类型的新闻报道可能会增加脆弱人群自杀的可能性，并且增加的幅度与报道范围、持续时间和突出程度有关。当因为自杀报道而促使另一起自杀发生时，就出现了自杀传染或模仿自杀。

增加自杀风险的报道类型包括：明确描述自杀方法，使用戏剧化/形象化的标题或图片，进行重复/广泛、耸人听闻的报道，美化死亡。

在与精神疾病相关的报道中，一些媒体缺乏报道此类事件的专业指导，或为追求流量，使得报道中存在“污名化”“标签化”“猎奇性”以及对名人精神疾病的过度曝光问题，增加了精神疾病患者隐匿病情、讳疾忌医的可能。

如果能在报道中做到小心谨慎，并提供正确的信息和求助渠道，那就可以改变公众的错误观念和纠正谬误，从而鼓励那些脆弱的或处于危机中的人寻求帮助。

报道自杀或精神疾病相关危机事件的主体，不仅包括专业的媒体机构，也包括每个组织向外或向内发布信息的媒介窗口。例如，内部刊物、公众号、微博、内网、微信群等。在网络时代，每个人都是一个自媒体，我们在公开网络上的每一条评论、每一次转发、每一个观点都可能会对他人造成影响。

因此，以下建议不仅能为组织官方媒体的正式信息发布和领导者的言论（如宣读讣告、公开评论等）提供规范，也适用于我们每个人在网络环境下对言论行为的自检与约束。当发生自杀或与精神疾病相关的危机事件时，每个人都有责任谨慎地发布相关信息，避免造成次生创伤、污名化、行为模仿等负面影响。

❶ 避免渲染强烈的情绪

避免将有关自杀的报道放在显著的位置，也不要过度重复这样的报道。

避免使用耸人听闻、一惊一乍的标题。

避免发布具有强烈现场感的画面和声音，或详细、生动的场景描述文字。

避免对心理危机事件的发生率使用“流行”“暴涨”这样有强烈暗示性的术语。如果数据确实如此，可以使用“上升”“升高”这些较中性的描述。

避免将心理危机事件描述为“莫名其妙”或“毫无预警”。

避免用“悬疑片”“侦探片”的手法报道自杀、精神疾病等。

❷ 避免“美化”“污名化”或提供错误信息

不要将违法的、恶意的、错误的或不道德的行为归因于个体的精神疾病。

不要将精神疾病描述为神秘的、可怕的、传染的。

不要称自杀为“成功”“失败”“尝试失败”。可以描述为“自杀身亡”“结束/既遂”。

不要将自杀正常化，不要将自杀描述为个体面对问题时一种建设性的解决方案。

避免将自杀或精神疾病的发生进行简单化归因或进行原因单一化的暗示。例如，将失业、情感问题或学业问题与自杀或精神疾病的发生进行关联性报道时容易引发公众误解。

3 避免为模仿提供便利

不要详细描述自杀的方法。

不要提供关于自杀地点/位置的具体信息。

不要使用照片、现场录像或社交媒体的链接。

不要随意公开自杀者的遗书。

要特别谨慎地报道名人的自杀和精神疾病。

4 要提供正确的信息

可以通过报道心理危机事件介绍自杀和精神疾病发生的原因、预警信号、发生率的变化趋势和最近的治疗研究进展。

要报道如何应对生活压力或自杀的想法，以及如何获得帮助。

要提供当地寻求帮助的准确信息。（例如，北京市心理援助热线，座机请拨800-810-1117；手机请拨010-82951332）

可以提供“身边人”的相处与支持建议。

可以引用自杀预防专家或精神科医生的话。

可以传递这样的信息：自杀与精神疾病发生的原因是复杂的，但是可以预防和治疗。

5 要提供希望和多种渠道

分享克服自杀危机者的故事，提供希望，促进有效自救行为的模仿。

分享精神疾病治疗康复或“带病正常生活”“与疾病共处”的故事。

提供多种可用的治疗选择的描述。

提供多种求助渠道：自杀干预热线、网站、在线求助通道等。

提供获取可靠信息的渠道和方式，受众可以在其中得到更多有用的信息。

最后，要意识到媒体工作者自身也可能会受到其所报道的心理危机事件的影响，需及时觉察、调整与求助。

十二、“望闻问切”——危机沟通的基本功

在危机沟通中，特别是与个体的沟通中，在所有“技巧”“技术”之下的核心，是沟通者的四种基本能力——观察评估与觉察能力、倾听能力、提问能力与反应（干预）能力，类似于中医的“望闻问切”，也可以称为危机工作者的基本功。“功”是要在日积月累的练习中形成的。下面会分别给危机工作者提供一些简单的练习方法及训练工具，供同伴之间相互演练使用，但更多的还是需要我们在日常的工作和生活中持续地训练与成长。

1 望：观察与觉察

望：主要包括观察评估、自我觉察、情境觉察（见本书第四部分）三方面的能力，是我们在危机工作中收集信息，做出初步评估和判断的基础工作。

观察线索的来源包括：察言观色、言语信号、情绪态度、资料收集、沟通过程的觉察等。

（1）观察评估

危机工作者在帮助受到突发事件影响产生应激反应的个体时，需要快速准确全面地对个体的应激反应程度和身心状态进行观察和评估。根据观

察评估的信息判断个体的反应是否处于正常范围内，是否在恢复中或发展得更为严重，是否需要转介。危机反应观察记录表能帮助危机工作者在初次接触受危机影响个体时对其应激状态进行观察和评估，也可以使用在需要持续工作的个案上，进行连续一个月的跟踪记录，观察发展变化趋势。

危机反应观察记录表

记录起始日期：　　　　　　　　　　记录人：

事件简要描述：							
当事人基本信息：							
反应/症状/状态		**三天**	**一周**	**两周**	**四周**	**转介**	**备注**
初步印象	定向力问题						
	衣着问题						
	个人卫生问题						
	表达问题						
行为表现	失眠						
	过度/减少饮食						
	哭泣						
	易冲动						
	过度警觉						
	人际冲突						
	物质依赖/滥用（烟酒、网络、药物）						
	发呆						
	反应迟缓						
	回避/退缩						
	暴力						
	冒险						

续表

反应/症状/状态		三天	一周	两周	四周	转介	备注
生理表现	心跳过速/过缓						
	头痛						
	呼吸急促/困难						
	肌肉痉挛						
	耗竭						
	肠胃不适，呕吐						
	出汗						
	晕眩						
	麻木/麻痹						
	胸口痛						
	出血						
	意识丧失/中断						
精神状态	注意力困难						
	记忆困难						
	思考困难						
	感觉失真						
	难以做决定						
	内疚						
	偏执						
	自杀意念						
	易怒/易激惹						
	侵入性记忆						
	心情大起大落						
	绝望						
	悲观						
	幻觉/妄想						
	无助感						

续表

反应/症状/状态		三天	一周	两周	四周	转介	备注
精神状态	信仰危机						
	出现与情境不符的或过度的情绪反应：						
	抑郁						
	恐惧						
	悲伤						
	忧虑/担心						
	焦虑						
	愤怒						

使用注意：检查项目仅作为客观事件或状态的呈现，不作为医学或法律上的依据，其目的是预防危机事件的发生，保护相关个人与组织的安全与利益，使用过程中对于涉及组织信息及当事人隐私的内容必须严格保密，同时避免对当事人“贴标签”和污名化的倾向。

使用说明：本表格仅供经过训练的危机干预专业人员观察记录使用，从初步印象、行为表现、生理表现、精神状态4个方面，对50项危机反应进行持续4周的观察记录。

给非专业使用者的建议：

表格中的名词与内容涉及部分医学、心理学专业知识，请在使用前确认自己正确理解了每项表现的含义与程度判断标准。

在正式使用前应与有经验的使用者或专业督导师进行必要的使用演练与练习。

在初次使用后应与专业督导师对使用过程和记录内容进行检查和讨论，这样的讨论应持续到你和督导师都认为你可以独立使用此工具进行辅助工作为止。

在使用过程中有任何疑惑或不确定的情境时应及时与督导师讨论，或发起同侪督导讨论。

（2）自我觉察

危机工作者需要知道在接触创伤场景或受危机影响的当事人时，也有可能激起自身的应激反应、自己未意识到或未被处理的创伤。即使是正常的危机沟通，由于危机的特殊情境，也会使得我们更容易在沟通过程中投入过多的“主观感受”和“主观想法”。

例如，危机咨询师对一位在意外中失去孩子的母亲感到难以与其共情，咨询师在看到那位母亲脆弱崩溃的表现时会感到愤怒，他自己对于愤怒的解释是觉得那位母亲太不坚强，因而“怒其不争”。在与督导一起工作时，他意识到自己这样的反应或许与幼年时的经历有关，他的哥哥在他幼年时意外去世，而他的母亲当时出于某些原因完全没有在他面前表现出悲伤，反而要求家人像事情没有发生似的正常生活。在他的潜意识里，哀伤是被隔离和禁止的。当看到同样身为母亲的被帮助对象释放自己的哀伤时——这是他在自己母亲那里无法得到，也不曾被允许获得的过程——他感到嫉妒甚至愤怒，并且为自己的愤怒找到了合理的解释。

我们在开始危机工作前，可以询问自己几个问题，了解自己与那些强烈的情绪共处的边界，内在的哪些部分更容易被怎样的情境激活，以及可以怎样觉察和调整。

什么危机情境会让我的反应难以自控?

什么人/什么情境会轻易地引起我强烈的情绪反应（同情、愤怒、抗拒）?

我通常会给自己的反应怎样的解释?

还有哪些可能的解释?

我可以与谁来讨论这些问题?

危机沟通觉察练习▼

在危机沟通后思考以下问题：

- 对方描述了哪些现实信息？
- 我看到哪些非言语的信息？
- 我当下的感受是什么？
- 这些感受中哪一部分是我自己的，哪一部分是对方的？
- 我当下的想法是什么？
- 这些想法中哪一部分是我自己的，哪一部分是对方的？
- 我当下是如何做出反应的？
- 影响我做出反应的决定因素是什么？
- 当我做出反应后，对方的回馈是什么？
- 我是否可以有其他反应？

2 闻：倾听中的陷阱

我们可以看到，“听”的繁体字“聽”，左边有一个“耳”字，右边上半部分有个横着的“目”字，下半部分有一个“心”字，这就很形象地呈现出我们在倾听时，不仅要用耳朵听，也要一面观察，一面用目光与对方交流，最重要的是要在听的过程中用心去感受和思考对方的话语。**专业的倾听有“四心”：同理心、开放心、主动心、觉知心。**

有时候，尽管我们有专业的态度和真诚的意愿，但在倾听时我们仍有可能落入自己提前设下的陷阱。下面列举三种常见的倾听陷阱：验证式倾听、投射式倾听、排异式倾听。

验证式倾听，是指沟通者在沟通前已经预设了“结局”或“真相”，在沟通过程中不断收集对自己的结论有利的“证据”来支持自己认定的假设，并最终验证自己的假设。例如，在沟通前顾问认为当事人可能受到了很严重的创伤，于是在沟通过程中就不断收集当事人“严重”的创伤反应，来证实自己的观点。

投射式倾听，是指在倾听过程中倾听者受到自身主观感受和情绪的影响，将自己的情感和想法看成对方的，或者对对方的表述做出了过于主观的解读。例如，顾问自己觉得和孩子分离是件很悲伤的事，就认为当事人和孩子分离时也是非常悲伤的。

排异式倾听，是指沟通者在倾听过程中对于那些有异于自己持有的固化的价值评判标准（价值观、文化、思维模式等）的信息过于敏感，而做出拒绝、说服，甚至指责的反应。例如，一个管理者在听到员工说“公司给我多少工资我就干多少活时”暴跳如雷，指责员工没有奉献精神，是可耻的利己主义者，结果把激励面谈变成了“批判会”。

倾听练习一▼

选一位搭档，分别扮演A、B两个角色。

在两分钟时间内，A向B讲述最近生活中发生的令自己兴奋和激动的事情，倾听者B不能做出任何反应。

结束后相互反馈感受，并进行讨论。

倾听练习二▼

A的任务是听，不要问任何问题，也不要回应你所听到的，只要去听对方说了什么以及是如何说的。用你的耳朵、眼睛和心去听。

B的任务是告诉对方你的一段人生经历，或者说说你是如何坐上现在的位置的，你有3分钟的时间。

3分钟后，A向B反馈自己所听到的。

结束后相互反馈感受，并进行讨论。

3 问：开放式问题与封闭式问题

沟通中的提问最重要的功能是获取和确认信息，同时，也是在向提问的对象传递一种信号，告诉对方你对什么感兴趣。从你提出的问题中，他能够感受到你是真的站在他的立场和角度上真心地想帮助他，还是你只是在“审问”他，或者只是为了获得需要的答案，验证自己的观点。

特别是在危机干预中，一些危机顾问为了进行“评估”，想获得必要的信息，就生硬地按问题清单向当事人提出问题，只关注答案却忽略了当事人的感受，甚至给人一种“没有感情的提问机器”的感觉。

有效的提问，有四个层面的效果：

- 帮助对方澄清事件的真相，扩展观察事件的角度。
- 帮助对方表达感受，理解感受。
- 帮助对方理清想法，拆解想法。
- 帮助对方明确期待，促进行动。

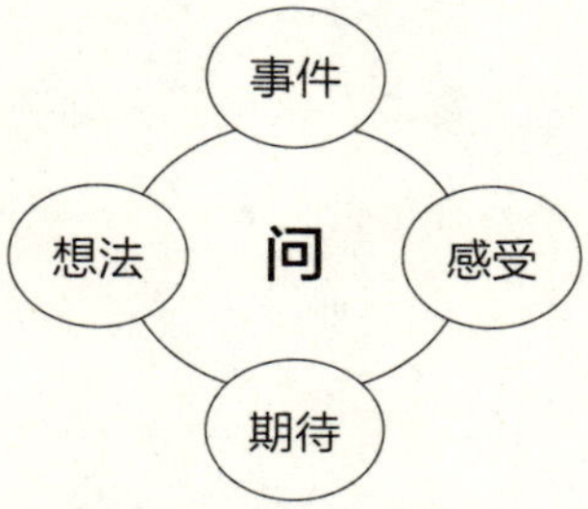

提问的四个层面的效果

提问方式可以简单分为“封闭式提问”和“开放式提问”。

封闭式提问通常会引发简短的回答，是为了澄清具体的信息，会限制对方回答的观点，使得提问者掌握信息流通和会谈方向的控制权。

开放式提问是让对方来负责信息流通和会谈方向，能让提问者获得意料之外的信息，获得潜在的意义和情绪，增加对方谈话的开放性。

封闭式问题反映出对于提问者而言哪些信息是更重要的，而开放式问题却可以将空间留给对于当事人而言是重要的信息。

提问练习一▼

情境：绩效面谈。员工绩效不合格需要进行绩效面谈，管理者要了解其绩效不佳的真实原因。

三人为一个小组，一人是员工，一人是管理者，一人是观察者。

员工提前准备好绩效不佳的原因并告诉观察者。

由主管提问，员工不能说话，只能用点头或摇头回答。

观察者记录并在结束后反馈观察的结果。

时长：5分钟。

提问练习二▼

情境：情绪压力面谈。求助者主动找到心理辅导员谈论近期遇到的困扰自己的问题。

三人为一个小组，一人是求助者，一人是心理辅导员，一人是观察者。

求助者提出一个最近困扰自己的话题。

心理辅导员至少要提出3个开放式问题。

观察者记录并在结束后反馈观察的结果。

时长：5分钟。

4 切：主动与节制

切，在这里是指通过“望、闻、问”的过程获得相应的信息，做出初步判后，而做出的回应或干预行动。在危机工作中的回应或干预，有两个关键点，一是“主动”，二是“节制”。主动是指在危机发生后，危机工作者要立即采取行动，与可能需要支持的对象进行接触，这种接触是由危机工作者主动发起的，是为了稳定和降低危机反应的紧急介入，这与常规的“心理咨询”不同，不能只是等待当事人来寻求帮助。在主动接触之后，危机工作者需要明确，危机工作通常是一个短期（short-term）协助过程，其最终目标是促进当事人调动自身的能力和资源，促进人自然的心理韧性，恢复正常的心理机制。如果危机工作者评估当事人需要得到持续的治疗或照顾，就应当及时地转介。危机干预的工作不是心理咨询或心理治疗，危机干预工作并不具备在一个短期工作中帮助当事人处理深层或复杂心理问题的条件，这就需要危机工作者时刻对自己保持觉察，在行动中保持节制。

（1）常用的回应技术。

情感反映：将当事人的情绪与情绪背后的认知通过映照的方式同时呈现出来。例如：“你感到痛苦和绝望，因为你认为你们的婚姻已经没有未来了，但你目前也没有办法结束这段婚姻，这又让你非常沮丧。”

肯定：显示当事人的优点和长处，让当事人觉得有改变的可能。例如：“对我而言这是很难的决定，我很佩服你能坚持下来。”

概述：不是简单的复述，而是提炼当事人话语中的重要信息，然后进行反馈和确认。例如：“你刚才说到……我这样理解准确吗？”

正常化：先认同当事人表述中正确的部分，并进一步提供资讯，修正让当事人产生过度担忧和恐慌的信息。例如：“暂时隔离在一间屋子里活动受限，感觉到憋闷也是难免的，这不仅是心理上的感受，也与身体活动减少有关。”

扩展视角：帮助当事人从危机状态的狭窄视野中跳出来，看到更多的可能性。例如：“你刚才提到你的哥哥与你的处境类似，那他是怎么看这件事的？”“之前的你会怎么处理这种情况？”“你刚才提到了一种可能性，我们来看看是否还有其他的可能性？”“这是一种想法，还有什么其他的想法？”

例外情况：将当事人的注意力从持续的负性循环引向探索改变的可能性和资源上。例如：“这一个月中有没有什么时刻让你觉得稍稍放松一些，或者不再想起那些烦恼的事？当时你在做什么？（你当时是怎么做的？）”

量化：通过提供量化回答选项帮助当事人更为准确地表述和理解自己的现状。例如：“如果5分代表睡眠充足，睡得非常好，0分代表睡眠非常差或完全无法入睡，你会给自己最近的睡眠打几分？”“虽然你之前提到对自己的睡眠状况感到很绝望，但刚刚还是打了2分，是什么原因让你没有打1分或者0分？”

提供素材和资源：为当事人的改变提供素材和资源。例如：“你刚才的讲述让我想起一个类似的情况……他们当时是这样做的……你对他们的做法怎么看？”“你刚才提到的问题，有一些资源/渠道/信息或许你用得上。”

合作式指导：在当事人能动性不足又急需采取行动的情况下，为当事人提供可选择的方案计划，激活其自主性，恢复其效能感，协助其采取必要的行动。例如：“现在有三种选择，我们一起来看看哪一种更有可能立即付诸行动，或者你会想到其他的方法，我们一起来讨论之后选择其中一种。”

参考文献 ▼

- World Health Organization, Chapter 7: *Risk and crisis communication, in Public health for mass gatherings: Key considerations*, 2015, pp.65–70. Retrieved from https://www.who.int/ihr/publications/WHO_HSE_GCR_2015.5/en.
- The Carter Center, The Carter Center journalism resource guide on behavioral health (12 pages), 2017. Retrieved from https://www.cartercenter.org/resources/pdfs/health/mental_health/2015-journalism-resource-guide-on-behavioral-health.pdf.
- [法] 古斯塔夫 · 勒庞著:《乌合之众》, 戴光年译, 新世界出版社2010年版。
- 曾凡斌、胡慧颖:《2016年网络热点事件中舆论的情绪分析》, 载《广州社会主义学院学报》2017年第4期。
- APA Goralnick, Eric MD, MS; Zinner, Michael J. MD; Ashley, Stanley W. MD, "A Death in the Family", *Annals of Surgery*, pp.230–231, 2016, 263 (2).
- "7 · 5普吉岛游船倾覆事故", 收录于百度百科: https://baike.baidu.com/item/7%C2%B75%E6%99%AE%E5%90%89%E5%B2%9B%E6%B8%B8%E8%88%B9%E5%80%BE%E8%A6%86%E4%BA%8B%E6%95%85/22709815?fr=aladdin#reference-[48]-23298344-wrap。
- Pearlman, L. A., & Saakvitne, K.W., Treating therapists with vicarious traumatization and secondary traumatic stress disorders. in C.R. Figley (ed.), *Compassion fatigue: Coping with secondary traumatic stress disorder in those who treat the traumatized,* New York, NY: Brunner/Mazel, 1995, pp.150–177.
- Figley, C.R. (1995), Compassion fatigue as secondary traumatic stress disorder: An overview. in C.R.Figley (ed.), *Compassion fatigue: Coping with secondary traumatic stress disorder in those who treat the traumatized,* New York, NY: Brunner/Mazel, 1995, pp.1–20.
- Tedeschi R G, Calhoun L G, "The Posttraumatic Growth Inventory: Measuring the positive legacy of trauma", *J trauma stress*, pp.455–471,1996, 9 (3).
- Kumpfer, K. L., Factors and processes contributing to resilience: The resilience framework. in M. D. Glantz & J. L. Johnson (eds.), *Resilience and development: Positive life adaptations,* New York: Kluwer Academic/Plenum Press, 1999, pp.179–224 .
- Bride, B. E, "Development and Validation of the Secondary Traumatic Stress Scale". *Research on Social Work Practice,* pp.27–35, 2004.14 (1).

- 陈维樑、钟莠荺著:《哀伤心理咨询：理论与实务》，中国轻工业出版社2006年版。
- Meichenbaum, D., "Self-care for trauma psychotherapists and caregivers: Individual, social and organizational interventions", presented at the 11th Annual Melissa Institute for Violence Prevention and Treatment, Trauma-focused Interventions for Children, Adolescents and Families: School, Clinical and Community Approaches (2007, May 4).
- Rourke, Mary T., "Compassion Fatigue in Pediatric Palliative Care Providers", *Pediatric Clinics of North America*, pp.631-644, 2007, 54 (5).
- Craig, C.D., & Sprang, G., "Compassion satisfaction, compassion fatigue, and burnout in a national sample of trauma treatment therapists", *Anxiety, Stress, & Coping*, pp.319-339, 2010, 23 (3).
- World Health Organization, War Trauma Foundation and World Vision International, *Psychological first aid: Guide for field workers*, WHO: Geneva, 2011.
- National Child Traumatic Stress Network, Secondary Traumatic Stress Committee, Secondary traumatic stress: A fact sheet for child-serving professionals, Los Angeles, CA, and Durham, NC: National Center for Child Traumatic Stress, 2011.
- Cohen K, Collens P. "The impact of trauma work - A meta-synthesis on vicarious trauma and vicarious trauma growth", *Psychological Trauma Theory Research Practice & Policy*, 2013.
- Richard G.Tedeschi, Arnie Cann, Kanako Taku, et al. , "The Posttraumatic Growth Inventory: A Revision Integrating Existential and Spiritual Change", *Journal of Traumatic Stress*, pp.11-18, 2017, 30 (1).
- Worden, J. William. *Grief counseling and grief therapy: a handbook for the mental health practitioner* (Fifth edition), New York: Springer Publishing Company, 2018.
- Kubler-Ross, Elizabeth, *On death & dying*. NY: Macmillan, 1969.
- Leventhal, G. S., What should be done with equity theory? New approaches to the study of fairness in social relationships. in K. J. Gergen, M. S. Greenberg, & R. H.Willis (eds.), *Social exchange: Advances in theory and research*, New York, NY: Plenum, 1980, pp.27-55.
- Lengnick-Hall C A, Beck T E, Lengnick-Hall M L., "Developing a capacity for organizational resilience through strategic human resource management", *Human Resource Management Review*, pp.243-255, 2011, 21 (3).

- Richter, M., König, C. J., Koppermann, C., & Schilling, M., "Displaying fairness while delivering bad news: testing the effectiveness of organizational bad news training in the layoff context", *Journal of Applied Psychology*, pp.779–792, 2016, 101 (6).
- 王苑著：《变革管理心理学：企业转岗、裁员心理管理完全指导手册》，企业管理出版社2016年版。
- Til Wykes, Violence and suicidality: Perspectives in clinical and psychobiological research, in H. M. Van Praag, R. Plutchik and A. Apter (eds), New York: Brunner/Mazel, 1990.
- Everly G.S., Flannery R.B., Mitchell J.T., "Critical Incident Stress Management (CISM): A review of the literature", *Aggression and Violent Behavior*, pp.23–40, 2000, 5 (1).
- Michael R. Phillips, Xian yun Li, YanpingZhang, "Suicide rates in China, 1995–99", *The Lancet*, pp.835–840, 2002, 359 (9309).
- 费立鹏：《中国的自杀现状及未来的工作方向》，载《中华流行病学杂志》2004年第4期，第8—10页。
- Susan Beyerlein, M. Beyerlein, and D. Johnson. "Psychological First Aid Field Operations Guide.2nd Edition",The National Child Traumatic Stress Network, pp.391–395, 2006, 33 (7).
- 樊富珉、张天舒主编：《自杀及其预防与干预研究》，清华大学出版社2009年版。
- [美] 欧文 · 亚隆、[加] 莫林 · 莱什著：《团体心理治疗——理论与实践》（第五版），李鸣、李敏译，中国轻工业出版社2010年版。
- Fowler, Christopher J., "Suicide risk assessment in clinical practice: Pragmatic guidelines for imperfect assessments", *Psychotherapy*, pp.81–90, 2012, 49 (1).
- [美] 理查德 · K.詹姆斯、伯尔 · E.吉利兰著：《危机干预策略》（第七版），肖水源等译，中国轻工业出版社2018年版。
- John A. Chiles, Kirk D. Strosahl, Laura Weiss Roberts, *Clinical manual for assessment and treatment of suicidal patients* (Second edition), Washington, DC: American Psychiatric Association Publishing, 2019.
- [法] 米歇尔 · 福柯著：《疯癫与文明》，刘北成、杨远婴译，生活 · 读书 · 新知三联书店1999年版。
- Kessler R.C., Sonnega A., Bromet E., et a1., "Posaraumatic stress disorder in the

National Comorbidity Survey”, *Arch Gen Psychiatry*, 1995, 52 (12).

- Corrigan P.W., Watson A.C. “The paradox of self-stigma and mental illness”, *Clin Psychol Sci Pract*, 2002, 9 (1).
- Penn, D.L., Chamberlin, C., & Mueser, K.T. (2003). “The effects of a documentary film about schizophrenia on psychiatric stigma”, *Schizophrenia Bulletin*, pp.383-391, 2003, 29 (2).
- Corrigan P.W., Kerr A., Knudsen L. , “The stigma of mental illness: explanatory models and methods for change”, *Appl Prev Psychol*, 2005, 11 (3).
- 高士元、费立鹏、王向群等：《精神分裂症病人及家属受歧视状况》，载《中国心理卫生杂志》2005年第19卷第2期。
- Lee, L., Harkness, K. L., Sabbagh, M. A., & Jacobson, J. A., “Mental state decoding abilities in clinical depression”, *Journal of Affective Disorders*, 2005, 86 (2-3).
- Drake, R.E., McHugo, G.J., Xie, H., Fox, M., Packard, J., & Helmstetter, B., “Ten-Year Recovery Outcomes for Clients With Co-Occurring Schizophrenia and Substance Use Disorders”, *Schizophrenia Bulletin*, pp.464-473, 2006, 32 (3).
- Daniel Nettle, “An evolutionary model of low mood states”, *Journal of Theoretical Biology*, 2009, 257 (1).
- Hagen, E. H., “Evolutionary theories of depression: Acritical review”, *Canadian Journal of Psychiatry*, 2011,56 (12).
- Christiansen D.M., Hansen M. “Accounting for sex differences in PTSD: A multi-variable mediation model”, *European Journal of Psychotraumatology*, 2015 (6).
- 沈长月、夏珑、石兵营等著：《失独家庭救助与社会支持网络体系研究》，华东理工大学出版社2016年版。
- 陈俊、吴志国、苑成梅等：《ICD-11精神与行为障碍（草案）关于心境障碍诊断标准的进展》，载《中华精神科杂志》2017年第50卷第6期。
- CHEN Zichen, ZHANG Huijuan, WANG Xinjian, Lü Xiaokang. “Three theoretical perspectives on the origin of depression”, *Advances in Psychological Science*, 2018, 26 (6).
- 苏珊珊、黄晶晶、王振等：《ICD-11精神与行为障碍(草案)关于应激相关障碍更新进展》，载《中华精神科杂志》2018年第51卷第1期。
- Huang YQ, Wang Y, Wang H, et al., “Prevalence of mental disorders in China: a cross-

sectional epidemiological study", *The Lancet Psychiatry*, Published Online February 18, 2019.

- Tartakovsky, M., *Illuminating 13 Myths of Schizophrenia*, Psych Central, 2019.
- *Webster's Third New International Dictionary*, Springfield: G. & C. Merriam Company, 1961.
- Gist R., Lubin B., Redburn B.G., "Psychosocial, ecological, and community perspectives on disaster response", *Journal of Personal and Interpersonal Loss*, 1998, 3 (1).
- Reyes G., Elhai J.D., "Psychosocial interventions in the early phases of disasters", Psychotherapy: *Theory, Research, Practice, Training*, 2004, 41 (4).
- Starcke, K.& Brand, M., "Decision making under stress: A selective review", *Neuroscience & Biobehavioral Reviews*, 2012, 36 (4).
- Sänger, J., Bechtold, L., Schoofs, D., Blaszkewicz, M., & Wascher, E., "The influence of acute stress on attention mechanisms and its electrophysiological correlates", *Frontiers in Behavioral Neuroscience*, 2014, 8.
- Giles, G.E., Mahoney, C.R., Brunyé, T.T., Taylor, H. A., & Kanarek, R.B., "Stress effects on mood, HPA axis, and autonomic response: Comparison of three psychosocial stress paradigms", *PLoS One*, 2014, 9 (12).
- Morgado, P., Sousa, N., & Cerqueira, J. J., "The impact of stress in decision making in the context of uncertainty", *Journal of Neuroscience Research*, 2015, 93 (6).
- Olver, J.S., Pinney, M., Maruff, P., & Norman, T.R., "Impairments of spatial working memory and attention following acute psychosocial stress", *Stress and Health*, 2015, 31 (2).
- Verdejo-Garcia, A., Moreno-Padilla, M., Garcia-Rios, M.C., Lopez-Torrecillas, F., Delgado-Rico, E., Schmidt-Rio-Valle, J., & Fernandez-Serrano, M. J., "Social stress increases cortisol and hampers attention in adolescents with excess weight", *PLoS One*, 2015, 10 (4).
- Morgado, P., Sousa, N., & Cerqueira, J. J., "The impact of stress in decision making in the context of uncertainty", *Journal of Neuroscience Research*, 2015, 93 (6).
- 杨群、李煜、孙得琳等:《应激对风险和社会决策的影响》,载《心理科学进展》2016年第6期。

图书在版编目（CIP）数据

危机管理心理学手册 / 黄雯著 .—北京：中国法制出版社，2020.10

ISBN 978-7-5216-1285-1

Ⅰ.①危… Ⅱ.①黄… Ⅲ.①突发事件—心理干预—手册
Ⅳ.① B845.67-62

中国版本图书馆 CIP 数据核字（2020）第 177815 号

策划 / 统筹：李　佳（amberlee2014@126.com）

责任编辑：王　悦（wangyuefzs@163.com）　　封面设计：高　瓦

危机管理心理学手册

WEIJI GUANLI XINLIXUE SHOUCE

著者 / 黄　雯

经销 / 新华书店

印刷 / 三河市紫恒印装有限公司

开本 / 710 毫米 ×1000 毫米　16 开　　印张 / 17.5　字数 / 208 千

版次 / 2020 年 10 月第 1 版　　2020 年 10 月第 1 次印刷

中国法制出版社出版

书号 ISBN 978-7-5216-1285-1　　定价：128.00 元

北京西单横二条 2 号　邮政编码 100031　　传真：010-66031119

网址：http://www.zgfzs.com　　**编辑部电话：010-66054911**

市场营销部电话：010-66033393　　**邮购部电话：010-66033288**

（如有印装质量问题，请与本社印务部联系调换。电话：010-66032926）

情境风险简明检查表

事件日期		事件描述	
检查项目		**是**	**描述**
事件	分离		
	丧失		
	被动*		
个体	精神疾病		
	生理疾病		
	适应不良个性		
	适应不良应对方式		
	自伤自杀行为*		
	暴力/攻击行为*		
	违规行为		
	经济问题		
	近期重大压力事件		
	慢性压力		
	对事件负性认知		
	个体其他风险特征		
环境	孤立*		
	对立环境		
	支持系统不足		
	其他风险环境		
合计			
处置与预案：			

检查人：　　　　　　　　　　　　　　　　检查日期：

注意：检查项目仅作为客观事件或状态的呈现，不作为医学或法律上的诊断依据，其目的是预防危机事件的发生，保护相关个人与组织的安全与利益，使用过程中对涉及组织信息及当事人隐私的内容必须严格保密，同时避免对当事人“贴标签”和污名化倾向。

使用说明：本表格从事件、个体、环境三个方面共19个子项目对组织日常事务的情境风险进行检查预评，子项目选择为“是”时计1分，特殊标注项目计3分，总分5分以上时应由危机小组对可能发生的风险进行讨论和预备，启动特殊情境处置与沟通预案。

*本文件在使用过程中应遵守相关的保密规则，妥善保存。

危机反应观察记录表

记录起始日期：　　　　　　　　　　　　　　　　　　记录人：

事件简要描述：
当事人基本信息：

反应/症状/状态		三天	一周	两周	四周	转介	备注
初步印象	定向力问题						
	衣着问题						
	个人卫生问题						
	表达问题						
行为表现	失眠						
	过度/减少饮食						
	哭泣						
	易冲动						
	过度警觉						
	人际冲突						
	物质依赖/滥用（烟酒、网络、药物）						
	发呆						
	反应迟缓						
	回避/退缩						
	暴力						
	冒险						
生理表现	心跳过速/过缓						
	头痛						
	呼吸急促/困难						
	肌肉痉挛						
	耗竭						
	肠胃不适，呕吐						
	出汗						
	晕眩						
	麻木/麻痹						
	胸口痛						
	出血						
	意识丧失/中断						

*本文件在使用过程中应遵守相关的保密规则，妥善保存。

续表

反应/症状/状态		三天	一周	两周	四周	转介	备注
精神状态	注意力困难						
	记忆困难						
	思考困难						
	感觉失真						
	难以做决定						
	内疚						
	偏执						
	自杀意念						
	易怒/易激惹						
	侵入性记忆						
	心情大起大落						
	绝望						
	悲观						
	幻觉/妄想						
	无助感						
	信仰危机						
	出现与情境不符的或过度的情绪反应：						
	抑郁						
	恐惧						
	悲伤						
	忧虑/担心						
	焦虑						
	愤怒						

注意：检查项目仅作为客观事件或状态的呈现，不作为医学或法律上的诊断依据，其目的是预防危机事件的发生，保护相关个人与组织的安全与利益，使用过程中对涉及组织信息及当事人隐私的内容必需严格保密，同时避免对当事人“贴标签”和污名化倾向。

使用说明：本表格仅供经过训练的危机干预专业人员观察记录使用，从初步印象、行为表现、生理表现、精神状态4个方面，对50项危机反应进行持续4周的观察记录。

（组织/项目名称）危机管理会议纪要

背景资料：
（包含：需求提出方、接到需求的日期、接案方、简要事件背景描述、主述事件风险描述、会议目标等）

危机管理会议安排：
（包含：会议时间、会议方式、会议时长、与会人等）

资料收集与评估：
1. 当事人个人资料收集：

2. 评估：

当下建议：

中长期建议：

报告人：
报告日期：

*本文件在使用过程中应遵守相关的保密规则，妥善保存。

危机情境初步评估/计划表

危机情境评估	
事件描述	
紧急性	
损失类型	
严重程度	
影响范围	
后续发展	
受影响人群盘点	
受影响人群基本情况	
不同人群受影响程度	
同质人群分类	
干预策略	
策略选择	
适应对象	
干预时机	
干预计划	
资源盘点	
内部资源	
外部资源	
资源分配	
其他	

*本文件在使用过程中应遵守相关的保密规则，妥善保存。

项目名称

心理工作团队执行手册

年　　月　　日

此文件在使用过程中应遵守相关的保密规则，妥善保存

项目完结后请自行删除

TO：________________

（顾问姓名）

目录

项目介绍

1.项目背景

组织概况：

项目简要背景：

项目周期：

项目参与团队：

其他必要信息：

2.日程安排

服务/干预策略	服务对象	具体内容	执行日期与时间	参与顾问

团队成员

1. 团队成员联系方式

序号	姓名	工作地点	联系方式	备用联系方式	职责	备注
1						
2						
3						
4						
5						
6						
7						
8						
9						
10						

2. 紧急联系人卡

当遭遇紧急情况时，

请按此顺序，联系紧急联系人

1. 姓名：________ 联系方式：________________

2. 姓名：________ 联系方式：________________

3. 合作方联系方式

工作地点	所属组织	姓名	职务	联系方式	备注

4. 职责分工

团队成员	工作职责	备注

工作内容与要求

1.《工作行为规范承诺书》

我身为______________项目团队成员，承诺遵守以下规则：

- 牢记自己是代表______________的专业心理工作者。
- 按________________的工作要求和专业标准完成工作，遵守伦理与安全守则。
- 工作过程中所知悉的项目相关信息（包括：组织、事件或当事人信息等），均为保密信息，未经书面授权，不会告知项目组成员外的任何第三方。
- 项目相关的所有书面/电子资料，均为保密文件，在项目结束后按规定交还项目组或自行销毁。
- 未经______________书面授权，不与媒体接触。
- 不代表任何一方进行谈判、承诺或发表态度观点。
- 不对当事人给出书面或口头的“诊断”或“鉴定”结论。
- 不在项目经理不知情的情况下擅自行动。
- 不在项目过程中进行私人约会。
- 不以个人舒适为目的，向组织或合作方提出过分的要求。

顾问签名：____________

年　　月　　日

2. 工作目标

为______________提供______________，以达成____

为______________提供______________，以达成____

为______________提供______________，以达成____

3. 工作准备清单

项目经理工作准备清单

阶段	工作准备项目	检查	备　注
前期		□	
		□	
		□	
		□	
		□	
进行中		□	
		□	
		□	
		□	
		□	
结束		□	
		□	
		□	
		□	
		□	

行政支持工作准备清单

阶段	工作准备项目	检查	备　注
前期		□	
		□	
		□	
		□	
		□	
进行中		□	
		□	
		□	
		□	
		□	
结束		□	
		□	
		□	
		□	
		□	

危机管理顾问工作准备清单

阶段	工作准备项目	检查	备　　注
前期		□	
		□	
		□	
		□	
		□	
进行中		□	
		□	
		□	
		□	
		□	
结束		□	
		□	
		□	
		□	
		□	

执行顾问工作准备清单

阶段	工作准备项目	检查	备　　注
前期		□	
		□	
		□	
		□	
		□	
进行中		□	
		□	
		□	
		□	
		□	
结束		□	
		□	
		□	
		□	
		□	

4. 团队工作内容一览表

阶段安排	日程	组织工作	顾问团队工作	其他团队工作
准备：		• • • • • • •	• • • • • • •	• • • • • • •
进行：		• • • • • • •	• • • • • • •	• • • • • • •
结束：		• • • • • • •	• • • • • • •	• • • • • • •

5. 工作日报模板

——内部保密文件 *——

危机支持工作记录

顾问姓名：__________ 地点：________________ 日期：__________

工作时间：____________到____________，共___小时

工作概览表

时间	工作内容	备注

危机支持工作初始目标：

1.

2.

3.

现场状况描述：

资料收集：

* 本文件在使用过程中应遵守相关的保密规则，妥善保存。

——内部保密文件——

顾问评估：

顾问干预：

顾问建议（包括顾问在现场直接给出的建议及后续建议）：

其他：

督导需求：□是　□否

6. 紧急状况处理

紧急状况	立即处置	后续跟进
明确的恐吓或暴力行为	立即离开危险接触范围，要求安保协助	报告项目经理与危机管理顾问
明确的自伤/自杀倾向或举动	立即移除危险物品，带离危险区域 时刻保持有人陪同	报告项目经理与危机管理顾问

专业指引

1. 如何介绍你的身份角色

情境一：

情境二：

2. 如何介绍你能提供的服务

情境一：

情境二：

情境三：

情境四：

3. 情绪回应与支持

______ 可能的 情绪与反应	
支持关键点	• ______ • ______ • ______

______ 可能的 情绪与反应	情绪反应：______ 可能的表述，例如：“______ ______” 心理动力：______
支持关键点	• ______ • ______ • ______ • ______ • ______ • ______
关键点一： 共情同理 积极关注	通过“看见”情绪表达共情。例如：“______” 复述感受，表达理解。例如：“______” 关注优势与愿景。例如：“______”
关键点二：	
关键点三：	
安全注意	• ______ • ______ • ______ • ______

4. 常见问题Q&A

1.
2.
3.
4.
5.
6.

5. 顾问的自我保护

阶段	注意事项	备注
开始前	询问自己是否有一些情况会影响你的危机工作，例如： • 近期的手术或药物治疗 • 近期的情绪或心理问题 • 过去 6—12 个月内人生的重大变化或丧失 • 有一些未解决的家庭或人际关系问题 请将你觉得可能有影响的情况在项目开始前，告知危机管理顾问 • ____________ • ____________ • ____________ • ____________	危机管理顾问：____________ 联系方式：____________
进行中	• 首先确保自身安全，然后再帮助他人 • 尽量安排好自己的饮食，或抓紧间隙的时间喝水、吃饭、休息、放松 • 感觉到陷入困境时，回想过往有哪些办法曾经有效地帮到你 • 与你的团队和同事保持沟通，互相帮助和配合 • 知道自己可以随时停止工作和退出 • ____________ • ____________ • ____________ • ____________	当你想要停止工作时，请联系危机管理顾问或项目经理
结束后	• 与你的同事、团队或督导，讲述你在危机工作中的体验 • 总结自己在这次危机工作中是如何给他人带来帮助的 • 发现还可以改进的部分，也要认识到当时无法做到更好的客观原因 • 在开始下一次危机工作前要获得足够的休息和恢复 • ____________ • ____________ • ____________ • ____________	

其他资料

1. 相关工作人员行动守则

（　　　　　）的行动守则

阶段	行动守则	检查	备注
准备	√	□	
	√	□	
	√	□	
	√	□	
	√	□	
	√	□	
执行中	√	□	
	√	□	
	√	□	
	√	□	
	√	□	
	×	□	
	×	□	
	×	□	
	×	□	
	×	□	
结束	√	□	
	√	□	
	√	□	
	×	□	
	×	□	
	×	□	

2.服务介绍卡

正　面

____________，专业顾问支持您

免费热线：____________

服务时间：__________________

(　　年　月　日—　　年　月　日)

您与顾问谈话的内容及个人信息

受保密协议严格保护，请安心使用

背　面

√ 咨询话题________　√ ____________

√ ____________　√ ____________

√ ____________　√ ____________

√ ____________　√ ____________

√ ____________　√ ____________

使用说明：________________________

____

____

3. 资源列表

相关社会机构

机构名称	职能与业务	工作时间	联系方式	地址

网络资源

常用网站		行业网站	

4. 费用结算与报销

工时统计	
餐费标准	
住宿与交通费	
发票信息	抬头：________，税号：________
报销要求	
其他	

PROFESSIONAL QUALITY OF LIFE SCALE (PROQOL)
职业生活质量量表（PROQOL）

COMPASSION SATISFACTION AND COMPASSION FATIGUE
同情满意度与同情疲劳

(PROQOL) VERSION 5 (2009)
（PROQOL）第五版（2009）

When you [help] people you have direct contact with their lives. As you may have found, your compassion for those you [help] can affect you in positive and negative ways. Below are some questions about your experiences, both positive and negative, as a [helper]. Consider each of the following questions about you and your current work situation. Select the number that honestly reflects how frequently you experienced these things in the last 30 days.

当您帮助别人时，您会直接接触到他的生活。您可能已经发现，您的“助人工作”会给您带来积极和消极的影响。以下是一些有关您作为危机工作者所经历的积极和消极的描述。请根据您最近30天的个人及工作状况，选择一个最符合的数字，来回答以下经历的发生频率。

	1	2	3	4	5
陈述	Never 从来没有	Rarely 很少	Sometimes 有时	Often 经常	Very Often 总是如此
1. I am happy. 1. 我是愉快的。					
2. I am preoccupied with more than one person I [help]. 2. 我忙得不可开交。					
3. I get satisfaction from being able to [help] people. 3. 我为能够帮助别人而感到满足。					
4. I feel connected to others. 4. 我感到与他人有连接。					
5. I jump or am startled by unexpected sounds. 5. 我被突如其来的声音吓了一跳。					
6. I feel invigorated after working with those I [help]. 6. 与需要我帮助的人一起工作后，我感到很振奋。					
7. I find it difficult to separate my personal life from my life as a [helper]. 7. 我发现要将个人生活与危机工作区分开很困难。					
8. I am not as productive at work because I am losing sleep over traumatic experiences of a person I [help]. 8. 我会为某些人的创伤经历而失眠，因此我不能高效地工作。					

续表

陈述	1 Never 从来没有	2 Rarely 很少	3 Sometimes 有时	4 Often 经常	5 Very Often 总是如此
9. I think that I might have been affected by the traumatic stress of those I [help]. 9. 我想我所帮助的那些经历创伤的人可能已经影响到了我。					
10. I feel trapped by my job as a [helper]. 10. 我感到危机工作使我陷入了困境。					
11. Because of my [helping], I have felt "on edge" about various things. 11. 因为危机工作，我对各种各样的事情都有"一触即发"的紧迫感。					
12. I like my work as a [helper]. 12. 我喜欢从事与危机相关的助人工作。					
13. I feel depressed because of the traumatic experiences of the people I [help]. 13. 我为我所帮助的人的痛苦经历而感到沮丧。					
14. I feel as though I am experiencing the trauma of someone I have [helped]. 14. 我有一种仿佛亲身经历了我所帮助的人的创伤的感受。					
15. I have beliefs that sustain me. 15. 我有信念支撑着我。					
16. I am pleased with how I am able to keep up with [helping] techniques and protocols. 16. 我为自己能够持续学习新的危机工作专业技能和政策而感到高兴。					
17. I am the person I always wanted to be. 17. 我是我一直想成为的人。					
18. My work makes me feel satisfied. 18. 我对我的工作感到满意。					
19. I feel worn out because of my work as a [helper]. 19. 危机工作使我感到筋疲力尽。					
20. I have happy thoughts and feelings about those I [help] and how I could help them. 20. 当我想到那些我帮助过的人以及我是如何帮助他们时，我感到快乐。					
21. I feel overwhelmed because my case [work] load seems endless. 21. 没完没了的工作让我感到茫然无措。					
22. I believe I can make a difference through my work. 22. 我相信我可以通过我的工作有所作为。					
23. I avoid certain activities or situations because they remind me of frightening experiences of the people I [help]. 23. 我避免某些活动或情境，因为它们使我想起我帮助的人的恐怖经历。					

续

	1	2	3	4	5
陈述	Never 从来没有	Rarely 很少	Sometimes 有时	Often 经常	Very Often 总是如此
24. I am proud of what I can do to [help]. 24. 我为能从事危机工作而感到自豪。					
25. As a result of my [helping], I have intrusive, frightening thoughts. 25. 由于危机工作，我有让人恐惧的、侵入性的想法。					
26. I feel "bogged down" by the system. 26. 我感到"深陷"制度的困境。					
27. I have thoughts that I am a "success" as a [helper]. 27. 我认为自己是成功的危机工作者。					
28. I can't recall important parts of my work with trauma victims. 28. 我不记得我工作中与创伤受害者一起工作的重要部分。					
29. I am a very caring person. 29. 我是一个非常有爱心的人。					
30. I am happy that I chose to do this work. 30. 我很高兴选择从事危机工作。					

In this section, you will score your test so you understand the interpretation for you. To find your score on each section, total the questions listed on the left and then find your score in the table on the right of the section.

在本节中，您将为量表中的问题打分，以便了解自己的情况。要知道您在每个部分的分数，请全部回答表中列出的问题，然后合计对应的分数。

同情满意度量表

题目	3	6	12	16	18	20	22	24	27	30
得分										
总分：										

Copy your rating on each of these questions on to this table and add them up. When you have added then up you can find your score on the table to the right.

将您对每一个问题的评分复制到该表上，并将其累加起来。加完后，您可以得到您的分数。

总分	我的分数等于	同情满意度等级
22分及以下	43分及以下	低
23—41分	50分左右	中
42分及以上	57分及以上	高

业倦怠量表

题目	*1	*4	8	10	*15	*17	19	21	26	*29
得分										
反向得分										
										总分：

On the burnout scale you will need to take an extra step. Starred items are "reverse scored." If you scored the em 1, write a 5 bebeside it. The reason we ask you to reverse the the core of the measure is because the scientific orks when these questions are asked in the positive way, they though can tell us more about their negative form. or example, question 1. "I am happy" tell us more about the the effect of help when you are not happy you sore e score.

在使用倦怠量表时，您需要采取一个额外的步骤。已加星标的项目为"反向得分"。如果您给项目打分，则在反向得分中写下5。我们之所以要求您反向打分，是因为从科学上讲，当我们对这些问题进行向提问时，可以比反向提问得到更多的信息。例如，问题1"我是愉快的"，当您进行反向打分时，能诉我们更多关于当您不高兴时进行帮助的效果。

总分	我的分数等于	职业倦怠等级
22分及以下	43分及以下	低
23—41分	50分左右	中
42分及以上	57分及以上	高

发性创伤应激量表

题目	2	5	7	9	11	13	14	23	25	28
得分										
										总分：

Just like you did on Compassion Satisfaction, copy your rating on each of these questions on to this table and dd them up. When you have added then up you can find your score on the table to the right.

就像您使用同情满意度量表时所做的一样，将您对这些问题的每一个评分复制到此表上并进行累加。加完后，您可以得到您的分数。

总分	我的分数等于	继发性创伤应激等级
22分及以下	43分及以下	低
23—41分	50分左右	中
42分及以上	57分及以上	高

创伤后成长评定问卷–X
（Posttraumatic Growth Inventory, PTGI–X）

阅读下面的句子。请标注出在经历危机以后，在你自己的生活中发生了与句子中的描述类似的改变的程度。

陈述	完全没有感觉到这种改变	感觉到一点点这种改变	感觉到这种改变有一小部分	感觉到这种改变是中等程度	感觉到这种改变比较大	感觉到这种改变非常大
1. 我重新确认了生活中什么更重要。						
2. 我更加能够珍惜生命的价值。						
3. 我发展出新的兴趣爱好。						
4. 我更加自信。						
5. 我对精神层面有了更多的理解。						
6. 人们是值得依靠的。						
7. 我找到了人生之路的新方向。						
8. 我觉得与他人更亲近了。						
9. 我更愿意表达自己的情感了。						
10. 我更能够应付困难的情境。						
11. 我可以让生活中有更多美好的事情。						
12. 我的承受力更强了。						
13. 我更加珍惜每一天。						
14. 我有了一些新的机遇。						
15. 我对他人更有同情心。						
16. 我在发展与他人的关系上投入了更多精力。						
17. 我尝试改变一些事。						
18. 我更坚定了自己的信仰。						
19. 我发现自己比想象的更坚强。						
20. 我认识到人们是那么出色。						
21. 我更能接受自己对他人的需要。						
22. 我感觉更能融入世界。						
23. 我感到与存在的一切都更为紧密。						
24. 我能够更好地面对与生命/死亡有关的问题。						
25. 我能更清晰地理解生命的意义。						
总分：						

此问卷共有25个条目，采用Likert 6级评分法，从“危机后完全没有经历这种改变”（I did no

xperience this change as a result of my crisis）到“危机后这种改变非常多”（I experienced this change to a ery great degree as a result of my crisis）依次计0—5分，总分0—125分，分值越高表示创伤后的成长越多。

AL=Appreciation of Life; PS=Personal Strength; NP=New Possibilities; RO=Relating to Others; EC=Spiritual and Existential Change

AL=对生活的欣赏（条目1、2、13）; PS=个人力量（条目4、10、12、19）; NP=新的可能性（条目3、、11、14、17）; RO=与他人的关系（条目6、8、9、15、16、20、21）; SEC=精神和生存变化（条目5、8、22、23、24、25）

继发性创伤应激量表（STSS）

以下是一些人在从事帮助经历创伤的当事人的工作后，受工作影响的陈述。阅读每句话，然后选择每句话的对应数字，它代表句子所描述的状况在过去七天内对你的影响有多频繁。

	1	2	3	4	5
陈述	从来没有	很少	有时	经常	总是如此
1. 我的感情麻木了。					
2. 我一想到在工作中要与当事人打交道，我的心就开始怦怦直跳。					
3. 我仿佛在重温我的当事人所经历的创伤。					
4. 我睡不着觉。					
5. 我对未来感到沮丧。					
6. 提醒我与当事人一起工作让我心烦意乱。					
7. 我对和别人在一起没什么兴趣。					
8. 我觉得自己神经兮兮的。					
9. 我不如平时活跃。					
10. 当我回避一些事情的时候，我想到了我与当事人的工作。					
11. 我很难集中注意力。					
12. 我回避让我想起与当事人一起工作的人、地方或事物。					
13. 我做了一些与工作和当事人有关的噩梦。					
14. 我不想和一些当事人一起工作。					
15. 我很容易生气。					
16. 我预感会有不好的事情发生。					
17. 我注意到我的记忆中与当事人有关的一些部分存在空白。					

注：当事人指的是与你有过帮助关系的人，你可以用另一个更能代表你的工作对象的称呼，如咨询者、病人、求助者、受助者等。

STSS共有17个条目，分为3个维度："侵入"（题2、3、6、10、13）和"唤起"（题4、8、11、15、16）各包含5个条目，"回避"（题1、5、7、9、12、14、17）包含7个条目。量表采用Likert5点评分法，测试者根据自己过去7天的经历，选择题项描述出现的频次（1=从来没有，2=很少，3=有时，4=经常，5=总是如此）。1—5选项分别对应1—5分，所有题目得分加总得到STSS总分。总分低于28分表示几乎没有症状，49分及以上表示存在非常明显的症状。38分为临界值，当测试者的得分大于等于38分时，提示需要鉴别其继发性创伤应激障碍的可能。